U0241174

李伟 著

味澜世纪·上卷

重庆饮食（1890—1979）

重庆市烹饪协会 策划

一部全景实录重庆百年餐饮的美食巨制

西南师范大学出版社

全国百佳图书出版单位 国家一级出版社

图书在版编目（CIP）数据

味澜世纪.上卷,重庆饮食：1890—1979 / 李伟著
. -- 重庆：西南师范大学出版社,2017.9
ISBN 978-7-5621-8987-9

Ⅰ.①味… Ⅱ.①李… Ⅲ.①饮食－文化史－重庆－
1890-1979 Ⅳ.① TS971.271.9

中国版本图书馆 CIP 数据核字（2017）第 236245 号

味澜世纪（上卷）—— 重庆饮食
WEI LAN SHIJI (SHANG JUAN) —— CHONGQING YINSHI
（1890—1979）
李伟 著

责任编辑：张昊越　王　丹
版式设计：杨　洁
出版发行：西南师范大学出版社
　　　　　地址：重庆市北碚区天生路 2 号
　　　　　邮编：400715
　　　　　http://www.xscbs.com
经　　销：新华书店
印　　刷：重庆天旭印务有限公司
开　　本：787mm×1092mm　1/16
印　　张：14.75　插页：2
字　　数：240 千字
版　　次：2017 年 10 月 第 1 版
印　　次：2017 年 10 月 第 1 次印刷
书　　号：ISBN 978-7-5621-8987-9

定　　价：68.00 元

1987年2月，重庆第一家中外合资星级酒店重庆饭店开业剪彩，
时任中方董事吴万里恭迎柬埔寨国王西哈努克亲王

周海秋（后排左二）

2002年，时任重庆市副市长谢小军到市餐饮协会调研
前排左起：陈运明、吴强、谢小军、朱维新、吴万里、王和森
后排左起：毛新宇、章平、黄国良、陈川东

陈志刚、吴万里在培训现场进行示范操作

徐德章和陈志刚等合影
前排右一徐德章、右二陈志刚

2009年，重庆烹协受江苏烹协邀请到南京交流
考察并进行技术交流，吴海云（右一）、冯山俊
（右二）、姚千（右三）、吴强（中）

前排左起：陈志刚、李荣隆、曾亚光、吴万里
后排左起：胡培生、姚红阳、刘大东、李洪云、
郑显芳、李兴国

周海秋工作照　　　　　张国栋工作照

何玉柱（左三）工作照，左二刘大东、左六姚红阳　　　左起廖青廷、周海秋、陈志刚

前排左一胡光忠、左二陈文利、左四陈鉴于、左五张正雄、左六代金柱

传承大师经典　弘扬工匠精神

文／中国烹饪协会会长　姜俊贤

　　书以言志，传承大师经典；文以载道，弘扬工匠精神。《味澜世纪（上卷）——重庆饮食（1890—1979）》是一部立意精准、内涵丰富的"良心之作"。本书以细腻的文笔、严谨的史料，将重庆1890年开埠（也有1891年开埠之说）至今波澜壮阔的餐饮发展历程，完整呈现于全国读者的面前。作为《味澜世纪》系列图书的开篇之作，毋庸置疑，这是一次颇为精彩的亮相。

　　为创作此书，重庆市烹饪协会邀请有关专家、学者分工撰写，力求大视野、多维度、广层面地系统展示巴渝文化的丰富蕴意。本书不仅以点带面、图文并茂地展现了近百年巴渝饮食文化的历史演变、地域特色和人文风貌，而且对于进一步塑造重庆市的历史文化名城形象也能起到积极的作用。重庆市烹饪协会的拳拳之心、殷殷之情，着实令人感动和钦佩。

　　植根于巴渝大地的重庆饮食，集勤劳、豪爽、大俗、大雅为一体，既自成体系、风味独特，又海纳百川、影响深远，这与其地理环境、物质生产、历史文化息息相关。自古以来，重庆就是我国西南商业重镇，这也使其在近代成为西方帝国主义觊觎的目标，1890年，重庆开埠，重庆正式被纳入了世界资本主义市场体系。固然，西方列强开埠重庆的初衷是开辟市场、倾销商品、掠夺原料等，但开埠却在客观上加强了重庆与外部世界的联系，从而促进了重庆的城市近代化。正如陈旭麓先生所说："这是一种既富于贪婪的侵略性，又充满进取精神和生命力的东西。"

本书以此历史背景为起点，围绕16位烹饪大师的传奇故事，洋洋洒洒二十余万字，描绘出重庆餐饮业近百年来的宏大篇章。并通过纪实文学特有的叙事方式，让重庆餐饮业从19世纪末以来的各种老字号的传世名菜、风味小吃走上前台，全面展现了巴渝美食的博大精深和厚重历史人文。

饮食文化的传承和发展是不断创新、不断改进的过程，每种技法、每道名菜都是经过历代名家与精益匠人千锤百炼、反复推敲，又经过历代黎民检验品评，最终被绝大多数人所认可的文化结晶。《味澜世纪》定位高、格局大，为社会提供了认知巴渝饮食的窗口，让国人看清她的前生今世，让同行读懂她的台前幕后，突出了巴渝文化特点，浓缩了巴渝美食精华，既有学术高度，又有实用价值，是一本不可多得的具有指导意义的重庆饮食文化著作。值此第27届中国厨师节开幕之际，特别推荐此书，希望大家能从中感悟历史、掌握精髓，让中国烹饪文化薪火相传、生生不息。祝愿重庆餐饮业以此书出版为契机和新的起点，取得更辉煌的成绩。

2017.7.21　北京

烹小鲜如治大国

文/中国著名作家 黄济人

　　有一句话叫作治大国如烹小鲜，我故意把这句话反过来，亦即烹小鲜如治大国。反过来的理由，便是读毕《味澜世纪（上卷）—— 重庆饮食（1890—1979）》，知晓了重庆的烹饪大师，他们是如何从少年学艺到扬名厨界再到传承后人，其间不乏鲜为人知的成长经历，以及引人入胜的传奇故事。

　　过去因为工作关系，有幸认识了几位烹饪大师。比如说20世纪80年代初被原商业部任命为川菜培训站站长，而后组建了被称作"川菜黄埔军校"的重庆味苑餐厅特级厨师吴万里，如果我没有记错的话，他见到我的第一句话是："你是作家，你在传播文化，我是厨师，我在传承文明。"这句话出自吴万里之口，当时令我感到惊讶，因为这位厨师文化程度不高，自诩为读书人的我，也是以后才晓得"文明始于饮食"那句话的。慢慢与他接触多了，特别是20世纪90年代重庆商委多次举办的烹饪大赛上，由于同为评委，我不断听到他的独立见解和专业词汇，诸如"食不厌精，脍不厌细"，诸如"如切如磋，如琢如磨"，都说饮食文化博大精深，直到有机会与这些大师交流，方才知道他们传承的是我们的中华文明，他们弘扬的是我们的民族精神，而正是这些老祖宗留下来的瑰宝，通过他们神奇的双手，方才能够在烹饪史上留下重彩，步入殿堂，成为经典。

我还认识另一位特级厨师李跃华，他为人忠厚，谦虚朴实，寡言少语。正所谓不言则已，一言则惊人。在早年的全国烹饪名师技术表演鉴定会上，他做了一道"咸菜什锦"。这道菜由灯影苕片、糖醋豌豆、香油榨菜、盐渍仔姜、蜜汁白果等十八个凉菜拼盘而成，为了烘托效果，李跃华用生姜做了个假山，在假山上布置了一些"花""鸟"，再借用电子产品发出清脆的鸟鸣。仅凭此道菜，李跃华顿然声名鹊起，评委点评说，此菜精雕细琢，味别多样，既展现了天府之国的富庶与繁荣，也呈现了巴山蜀水的灵秀与风情。此菜不仅让李跃华一举摘得"最佳厨师"称号之桂冠，而且事隔不久，他收到了邓小平的邀请，去中南海做了四道川菜，和邓小平一道品尝的，还有胡耀邦与赵紫阳。难怪有业内人士透露，全国数以百计的烹饪大师当中，享有此项殊荣者，独有李跃华一人也[①]。我认识这位特级厨师的时候，他在山城商场酒楼就职，载誉归来后，重庆商委将这座酒楼改为跃华饭店。在那个计划经济的年代，以一位厨师的名字命名一个饭店，莫说重庆，就是在全国，也是罕见的。

与烹饪大师们相处的日子，不仅增长知识，而且焕发精神。记得共进晚餐时，餐桌上有一道"锅巴海参"，此菜做法并不烦琐，将一盘带汤的海参迅速浇到另一盘油炸好了的锅巴上面即可。这时候酥脆的锅巴立马发出"咔嚓""咔嚓"的响声，所以此菜的别名又叫"平地一声雷"。抗战时期，日本飞机对重庆进行了长达数年的轰炸，厨师们和老百姓一样，个个怒发冲冠，人人义愤填膺，于是这道菜便有了第三个名称，亦即"轰炸东京"。既得此名，扬眉吐气，瞬时火爆重庆，迅速走红全国，被业内业外人士公推为"陪都第一名菜"。至于"轰炸东京"到底是谁的杰作，这道菜的注册商标又是何人的专利，尽管说法不一，版本相异，但我想那已经不重要了。重要的是，重庆曾有过舌尖上的战斗，这是这座城市不能忘记的历史，以及无法抹去的记忆。

重庆富有个性，川菜富有特色，渝派川菜连同制作他们的烹饪大师们，早就成为我心中的一本大书。第27届中国厨师节在重庆开幕之际，重庆市烹饪协会终于将这本大书付梓问世，确乎功德无量，可圈可点。要知道，这本大书所记载的十几位大师，他们当中已有数人驾鹤而去，这本大书留下了他们的背影，更立下了他们的丰碑；要知道，这本大书所记载的岁月，横跨了近一个世纪，沧海桑田，旧貌新颜，世事无料，人情冷暖，尽在字里行间。其文献价值、文史价值，使我有理由将这本大书视作重庆饮食的《史记》。

诚然，作为作家，我应当感谢另一位作家，那就是这本《味澜世纪》的作者。李伟先生并非专业作家，可是因为他担任过《重庆美食》杂志执行总编，所以这本书无论从选材还是从结构上，都十分专业，从而有效地完成了"传承大师经典，弘扬工匠精神"的创作宗旨，堪称一部全景实录重庆百年餐饮的美食巨制。因为如此，治大国如烹小鲜，我不知所云，而烹小鲜如治大国，这里有书为证。

2017.7.27　重庆

①时为1983年，在北京人民大礼堂举行的全国第一届烹饪名师技术表演鉴定会上，重庆有3名选手获奖，分别为：李跃华获全国最佳厨师第二名，陈志刚、李新国获优秀厨师称号。随后，重庆烹饪代表团受到组委会邀请，为国家领导人邓小平等人表演厨艺，制作富有特色的"家乡菜"，并与邓小平、王震、杨尚昆、李一氓和田纪云等人合影留念。

以匠心 传美食

文/重庆市商务委员会副巡视员 孙荣培

美食，不仅是重庆一张亮丽的城市名片，更是一方特立独行的地域文化，从历史深处来，源远流长，生生不息。从各色巴渝风味小吃，到引人馋虫大动的小面；从天下闻名的火锅，到渝派川菜风向标的江湖菜，美食成为重庆个性的代言者。重庆曾涌现出了风华绝伦的一代又一代烹饪大师，一个又一个传奇，记载着重庆美食文化的历史与传承、光荣与梦想。盛世修书，继往开来，《味澜世纪（上卷）——重庆饮食（1890—1979）》，通过对重庆百年餐饮的宏大叙事和对16位烹饪大师传奇经历的记叙，再现了重庆美食的悠悠百年历程，同时聚焦大师们以工匠精神创新研发的渝派川菜特色珍馐佳肴，可使渝派川菜大放异彩，声名远播。

以匠心做美食，代表了人们对美好生活的态度，做菜即做人。《诗经》有云，有匪君子，如切如磋，如琢如磨。孔子也说过，食不厌精，脍不厌细。精益求精是一代代烹饪大师不懈的精神坚守与精神追求，他们以本心、专心、耐心、精心、细心和恒心，追求"食用"与"审美"结合，烹饪服务于日常生活，透露审美信息，滋养美好生活；他们追求"传承"与"创新"结合，烹饪手艺承载文化记忆，继承发扬独特的技艺和风格。

宗匠师承源源不绝，名菜传承创新不辍，美食之都世所瞩目。重庆近年来创建了市级美食街（城）54 条、中华美食街 17 条、中国美食之乡 3 个，名列全国前茅，南滨路、北城天街、磁器口等地成为美食地标。《渝菜标准体系》《渝菜术语和定义》及"回锅肉等 44 个渝菜烹饪技术规范"等地方标准，凝聚了烹饪技艺之菁华，提升了行业之标准和规范。根据《重庆市现代商贸服务业发展"十三五"规划》蓝图，到 2020 年，重庆将培育国家级商业街（美食街）20 条，市级商业街（美食街）70 条，将其打造成有重要影响力的品牌商业街区和商旅文目的地。

《味澜世纪（上卷）——重庆饮食（1890—1979）》一书，深筑渝派川菜丰厚的文化内涵，为渝菜传承、创新、发展、壮大注入新的底气与活力，其创作出版是重庆烹饪界翘首以盼的盛举。本书的出版发行，将对业内外人士在精神、文化和技术层面给予巨大的支持和帮助，将对行业的后继发展产生不可忽视的榜样力量与带动效应。

2017.8.8 重庆

大师的秘密都在这儿了

文 / 中国国际烹饪艺术大师　张正雄

　　重庆美食历史悠久，厨艺源远流长，特别是名冠天下的烹饪大师接连出现。然而如何去表现、传承和推广，从而让重庆和世界更好地交流和互动，就成了重庆餐饮人的任务乃至使命。

　　作为餐饮人，接触过不少与餐饮有关的书籍，大都是菜谱和工具书之类，而《味澜世纪（上卷）——重庆饮食（1890—1979）》一书，以那个时期在重庆烹饪界有影响力的老一辈厨师为主线，从重庆开埠到抗战时期，到新中国成立再到改革开放阶段，恢宏壮阔，波澜起伏。就图书出版而言，可以说填补了餐饮图书的市场空白；就其对行业的价值和影响而言，既有实用意义，又有历史文化价值。

　　廖青廷、周海秋、曾亚光等厨界泰斗，后生晚辈大都有所耳闻，但对其学艺经历和如何成为大师的过程，却知之甚少。《味澜世纪（上卷）——重庆饮食（1890—1979）》一书，不但通过采访后人和传人形式，对此给予了完整而生动的描述，还对他们的代表菜，如廖青廷的醋熘鸡、半汤鱼、黄豆芽炖鸡、一品酥方，周海秋的樟茶鸭子、红烧熊掌、烤乳猪、干烧鱼、豆渣烘猪头、蜀川鸡，曾亚光的荷包鱼肚、干烧鱼翅、干煸鳝鱼、叉烧填鸭、叉烧乳猪等，做了详尽的介绍，包括每道菜的味型、主辅料和烹制方法等，为从业者学习和传承大师经典提供了很好的参照。

该书为了内容需要，大量引经据典，让我们见识了烹饪文化的起源及其在各个历史时期的作用，并通过《吕氏春秋·本味篇》《随园食单》《醒园录》等烹饪名著，深入浅出地介绍了一些菜肴的烹制技法和诞生过程，让人受益良多，回味无穷。

《味澜世纪（上卷）——重庆饮食（1890—1979）》一书中讲述的烹饪大师不为人知的成长经历和传奇故事，也让人兴趣盎然，欲罢不能。如廖青廷为何获得"七匹半围腰"称号，其成功的秘籍是什么；陈青云如何发扬工匠精神，研发出了著名的"牛肉三汤"；徐德章的刀功与"一把抓50粒瓜子"有何关系；陈鉴于如何因祸得福成就一道名菜；陈文利如何从码头工人成了一代名厨；吴万里创办"川菜黄埔军校"味苑餐厅始末；等等。

《味澜世纪（上卷）——重庆饮食（1890—1979）》一书，既有可读性，又有励志作用，还像《川菜烹饪事典》一样具有实用价值。"传承烹饪文化，弘扬大师精神"，该书功不可没。作为厨界中青年一代及后来者的良师益友，该书既能提供理论知识，又能给予实践指导，还有助于领悟前辈大师高超的厨艺水平和不为人知的成长经历。

所谓开卷有益，知识就是力量，《味澜世纪（上卷）——重庆饮食（1890—1979）》一书，对于立志烹饪事业的业内人士帮助极大，并具有继往开来、承上启下的作用。为让烹饪事业血脉相承、后继有人，也让我们生活的城市具有更多的美食文化品质，我郑重推荐此书，并希望大家能从中吸取营养，掌握烹饪知识、感悟大师精神、潜心菜品创新，让烹饪事业薪火相传，美食文化生生不息。

2017.7.28 重庆

序

第一部分　烹饪大师的少年往事（1890—1937）

002　第一章　美食兴盛的前奏

附录

后记

味澜世纪·上卷

第一部分·烹饪大师的少年往事

重庆饮食

重庆开埠拉开了近代化的序幕,社会餐饮逐渐兴起,名震厨界的烹饪大师如廖青廷、周海秋和曾亚光等,正处少年时期,因为家贫或出于对美食的热爱,先后开始了学厨之旅。

(1890—1937)

第一章　美食兴盛的前奏

1. 重庆开埠：开启一段崭新历史

这是有史可查的重要一天，在重庆波澜壮阔的发展历程中，具有非比寻常的划时代意义。

1898 年 3 月 9 日，一个冷风拂面的清晨，在重庆两江交汇的朝天门码头，史无前例的喧嚣和热闹。此时薄雾尚未散尽，天空处于半明半暗之中，这座城市却已完全苏醒。码头上人山人海，欢天喜地，对于长时间因为政局动荡，生活艰辛而压抑的民众来说，今天这个日子有些特殊，更让他们大开了眼界。

"呜——呜——呜——"随着一声轮船汽笛从江面上震耳响起，云集在朝天门码头上的人们，瞬间便沸腾了，齐刷刷地向长江眺望，一艘悬挂着英国米字旗的蒸汽轮船突破江面的雾气，由远而近，徐缓

上图：朝天门码头（摄于 1898 年）

朝天门码头位于重庆市嘉陵江与长江交汇处，是重庆最大的水码头，也是重庆的标志性景点，更是重庆繁荣昌盛的集中表现。图为清末繁忙的朝天门码头。

下图："利川号"轮船（摄于 1898 年）

1898 年英国"利川号"蒸汽轮船开进朝天门码头，从此开启重庆商贸、餐饮业的新时代。图为重庆民众人山人海地到朝天门码头观看"利川号"轮船的情景。

地驶来。看惯了帆船、舢板、木船的人们，第一次看见冒着煤烟的轮船，而且由高鼻子蓝眼睛的洋人驾驶，兴奋自不待言，更有一些难以置信，仿若梦境。

那时，重庆还是一个半封闭的内陆城市，就像风雨飘摇又固步自封的清王朝一样，对世界所知甚少。对于这艘无人划桨又无人拉纤的"铁壳子"，为什么能够自若地从三峡溯江而上，当地民众争论了半天，依然百思不得其解。

此时，距离清光绪十六年即 1890 年重庆开埠，已过去了整整八年。其间，重庆海关成立，英人霍伯森担任重庆海关税务司的职务，掌握海关行政和征收关税的大权并兼管港口事务。各国在重庆纷纷设立领事馆，开辟租界，开设洋行、公司，建立工厂，开采矿山，倾销商品，输出资本。

重庆开埠是世界资本主义进入中国西部腹地的一个大事件，在重庆城市发展史上具有重大影响。特别是当这艘名叫"利川号"的英国轮船驶入朝天门，标志着重庆逐渐在不自觉中接受了近代文明。重庆开埠作为重庆餐饮业步入辉煌的一个巨大背景，开启了一段崭新的历史。

2. 城市裂变：旅馆不仅仅解决住宿

自古以来，重庆就是川东地区的商业重镇，开埠后更加强了与外部世界的联系，西方的现代化因素也由此逐渐输入重庆，促进了重庆的城市近代化。正如著名历史学家陈旭麓先生所说："近代中国开埠的趋势是由沿海入长江，由下游而上游，并逐步进入内陆腹地。这些埠口，在中国封建的社会体系上戳开了大大小小的窟窿。外国资本主义的东西因之而源源不断地泄入、渗开。"

陕西街洋行（摄于 1930 年）

19 世纪末，伴随重庆的开埠，解放碑、南滨路开始了它的"十里洋场"生涯，洋行纷至沓来，洋商带走山货土产，带来闹钟、洋伞、洋碱、染料等。这是重庆 3000 多年历史上的第一次对外开放。图为当时解放碑陕西街钟表百货洋行。

街边川菜馆（摄于 1935 年）

图为 20 世纪 30 年代重庆的街边川菜馆，前面那个穿传统服饰的就是厨师，他正在为食客烫制火锅菜品。

根据《重庆开埠史》《巴县志》等书记载，重庆开埠后，有 50 余家各国商行通过川江水道入渝。1890 年，第一家洋行立德乐洋行立足陕西街，接踵而至的有英商茂隆、怡和、太古等洋行；法商柯芬立、吉利、异新等洋行；美商美孚油行，利泰、永丰洋行和胜家缝纫机公司；德商瑞记、美最时、宝丰等洋行；日商新利、聚福、大阪、太和等洋行。

典当业发展也十分迅速，据巴县档案记载：1872 年巴县有当铺五家，1885 年为 11 家，到 1910 年则增至 166 家。

美国的装饰材料和照明用的油灯，英国的羊绒织物和羊毛，印度的香熏和饰品，日本的五金工具，在方便快捷的洋行内交易。各类银票、汇票、账单、清单，在服务至上的钱庄里兑现、结算。

山水城市，景色秀美，一些临江而建的江边旅馆，也在近代文明的微风吹拂下，逐渐兴盛起来。不仅有客商来来往往，还有从县城和乡村途经重庆，赴京赴省城赶考的学子在此下榻。闲暇之余，他们一边观赏两江风光，一边吟诗赋画，悠然自得，其乐无穷。夜色深处，还有手抱琵琶、月琴之类乐器的江湖艺人，以及敲打扬琴、哼唱小曲的民间歌女来店卖艺，为客人疲惫而孤寂的旅程，排忧解闷。

旅馆不仅解决住宿，还提供一日三餐，虽然饭菜谈不上精致，但也干净可口。重庆美食业高潮到来的前奏，就以如此简单朴素的方式，悄然无声地滋生在民间。不求独树一帜、建立一门一派，只为生计与方便住店客人，家常料理也从室内登上前台。

3. 街边风情：小店的诞生

然而，重庆要实现近代化，重庆餐饮业要达到兴盛状态，注定要走一段很长的路。

20 世纪初，重庆天灾连连。1901 年"春干夏旱，冰雹成灾"。1904 年，重庆、夔州等地发生严重旱灾。1905 年，重庆境内长江水面又上涨 108 尺，许多地方水患成灾，造成巨大损失，溺死人数超千人以上。

据海关关册记载，1905 年重庆地区"饥寒之民日见其增，一切家常所需之物，其价无不加昂"。这样的背景下，生存尚且艰难，何以奢望餐饮业兴旺。

但是，历史前进的步伐，绝不因为灾害而停止，而是在发展中不断实现跨越和创新。

那时的重庆分为上半城和下半城，"两城"交界之处为大梁子，即今天的新华路。早年的重庆城以下半城为重心，沿长江东起朝天门，西到黄沙溪，因水运兴旺而盛。

陆路尚不畅达之时，一切都靠水运，下半城码头一处接一处，气势恢宏，蔚为壮观。江面白帆点点，船桅茂密，"孤帆远影碧空尽，唯见长江天际流"。名动天下的云南火腿、烟草，老百姓赖以生存的四川桐油，商铺如获至宝的贵州窖酒和药材，包括重庆产的白蜡等，无不从这些码头卸货下船，或者通江达海，驶向各地，再经销售流入千家万户。

风云浩荡，云卷云舒。随着重庆城人口的增加和商贸活动的频繁，餐饮业逐渐发展。码头客商云集，人来人往，一日三餐便成了最大问题。本地人尚好解决，

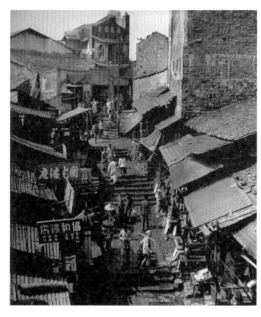

左图：储奇门油漆商行（摄于 1934 年）
　图为 20 世纪 30 年代储奇门街上林立的油漆商铺。

右图：国民酒家（摄于 1934 年）
　图为 20 世纪 30 年代的国民酒家，酒家门前车水马龙、人声鼎沸，店内座无虚席。

毕竟家住在此，一阵忙活，便回家温一壶酒，就着家常佳肴，吃得酒醉饭饱。随船远行的客商也能在船上生火造饭，虽然谈不上美味可口，但也可以解决温饱。苦就苦了那些挑夫、力士等下层人士，抢生意，求生计，货在人在，货走人走，有家不能回，吃饭就成了老大难问题。

于是，类似今天的一些路边摊或者流动小贩便应运而生。限于条件，那时街边小贩，只卖饭和咸菜，仅为客人充饥，无条件提供大鱼大肉。据1910年3月10日的重庆《广益丛报》介绍，1910年，在菜园坝川东第一次赛宝会（当时官方的叫法为重庆第一次商业劝工会或川东劝业会）上出现了重庆的第一家餐馆留春幄。在此之前，重庆只有不设座场、不零售的包席馆，还有街边只卖饭及咸菜的饭馆和沿街串巷叫卖的流动小贩。

4. 包席馆：轻奢宴饮的欢乐颂

重庆开埠，城区扩大，重心逐渐向上半城转移，饮食经营网点渐渐增加，客栈旅店也包揽伙食，饭资算在宿资之内，大凡生丧嫁婆、迎送酬酢，也将厨师请到家中操办，并同时盛行"包席馆"。

当初"包席馆"不设驻场门面，以一两位掌门厨师为首，联络率领红案、白案、墩子、炉子厨工、跑堂倌和水案杂工等各色人员，挂牌招揽，遇有生意，视其大小组成班子，自带工具及餐具上门服务。所用原辅材料，也可一并代办。当时崇尚礼教，讲究面子，每有官员升迁、富豪喜庆、同乡聚会，便包席宴饮，讲究排场。这些筵席有的在家中进行，有的是借地设筵（当时有专供开筵的场所）。

在这样一种具有轻奢特色的宴饮风潮中，每日各类大小宴请，非张即李，筵席不断，好不热闹。

当时重庆著名的"包席馆"有宴喜园、聚珍园、积义园、双合园等，其中尤以宴喜园名气最大，其熬制的鲜汤味道最佳，成为吸引客商的一大金字招牌。

"包席馆"作为一种特殊经营方式，不设堂坐店招揽生意，客人包席还必须提前预订，所做菜肴均为大菜、名菜，价格有高有低。筵席收费均以银两计，比如甜席二两五，海参筵三两五，海参全筵五两，鱼翅筵七两，玉脊翅全筵十二两，燕菜筵十五两。

这是大户人家或官宦之家所操办的"包席馆"，仅看菜品名称便知档次之高，排场之盛。而一般家境殷实又极爱面子的人家，也能享受"包席馆"之待遇，不过档次却降了许多。

他们举办家宴或者操持红白喜事，便找"应召厨师"。"应召厨师"一两个忙不过来的话，还会再约二三人成行，挑来灶具餐具、鸡鸭鱼肉、时鲜蔬菜、油盐酱醋，上门事厨，俗称"包席担"。

"包席担"均为临时厨师组成，各有三五个拿手菜，手脚麻利，面目和善，不然主家看不上眼。这些厨界临工揽生意，集中在一个固定场所，就在今天的解放碑大阳沟一家茶馆。他们天不亮出门，一身厨师行头，有的手里还提着一把菜刀，当然是专为事厨所用，并非防身甚至打架所用。

5. 茶馆纪事：巴渝韵味的悠闲生活

重庆社会餐饮萌芽之初，厨界也流行泡茶馆，特别是对于那些老一辈厨师，不管是陪都时期，还是改革开放前后，早晚坐茶馆、品茗叙事，已经成为一大生活特色。他们的这一爱好，与独特的巴渝文化有关，颇有历史渊源。

老茶馆（摄于 1934 年）

　　茶馆是旧时重庆人休闲品茗叙事的常去之处，图为 20 世纪 30 年代重庆小巷深处的老茶馆。

重庆又称山城，地理位置奇特，山高坡陡，起伏不定。在交通尚不发达的时候，出门访友、拜见亲戚、室外工作，不是爬坡就是上坎，时间不长，便有一些腰酸背痛，汗流浃背。重庆又是著名的"火炉"，夏季炎热，酷暑难熬，在太阳下面奔波，自然口干舌燥，急于想找一口水喝，顺便歇脚休息。

茶馆便急人所急，开设在坡顶、转弯街口等处，方便人们歇脚解渴。饮茶习俗是重庆文化的重要组成部分，历史悠久，具有浓郁的巴渝文化特色。加之重庆人性格爽朗，凡有好友来访，觉得在家里叙事不能声若洪钟、畅所欲言，便大手一挥，"走，去茶馆吃茶"。既体面又方便，想聊多久就聊多久，安逸得很。

清末民初时的重庆，物质匮乏，民居简陋，依山傍水而建的吊脚楼鳞次栉比，一间接一间，不少茶馆便因地制宜开设在此。一般情况下，这些茶馆为方便客人，大都备有用竹片制作而成的躺椅，茶客或坐或卧在上面喝茶聊天，凭窗远眺山城景色，青山绿水，花木扶疏，心情爽朗而惬意，具有巴渝风韵的悠闲生活一展无遗。

老一辈重庆大厨受此文化熏陶，对喝茶品茗情有独钟，不仅是因为历久弥新的习俗，还在于他们把茶馆当成了切磋技艺、交流信息的场所，同时工作前喝口茶提神，工作后泡杯茶解乏，好处不胜枚举，自然乐在其中，难以割舍。此情结本书后文还将再述。

第二章 廖青廷：厨界传奇，从"小聪明"开始

1. 立志从厨全因贫困

英国"利川号"轮船驶入重庆城，逐渐拉开近代文明序幕的同时，重庆流年不顺，天灾连连。正如前文所述，1901年"春干夏旱，冰雹成灾"。1904年，重庆、夔州等地发生严重旱灾。1905年重庆地区"饥寒之民日见其增，一切家常所需之物，其价无不加昂"。

然而，就在生活举步维艰、难以为继的现实当中，一位后来被称为厨界奇人的烹饪大师悄然无声地诞生了。他的到来似乎有些生不逢时，国运衰微，老百姓生活艰难，又遇水涝旱灾，前不见头后不见尾，他的出生不是给家庭和父母添乱吗？

渝菜烹饪泰斗廖青廷代表菜品：干烧岩鲤

换个角度思维，他的到来又生逢其时，从呱呱坠地的那一刻起，凄凉悲惨的生活状况，就让他体验到了切肤之痛。所以，在三百六十行中，他唯独选择了厨师职业，与一日三餐打交道，至少不会挨饿吧。在这条道路上，他始终如一，把毕生感情、热血和智慧，全部奉献给了锅碗瓢盆，把一门手艺演绎成了一曲宏阔的交响乐，并最终成为行业翘楚、一代宗师、厨界传奇。

他叫廖青廷，1902年出生在重庆巴县，父母大字不识，虽然生活艰辛，但是儿子的出生，还是让这对夫妇欣喜若狂，把家里唯一的一只老母鸡，当作礼品送给当地私塾先生，得以取了一个颇有青云之志和群博多学之意的名字。

一般人认为巴县就是今天的巴南区，其实不然。古代的重庆城是三级衙门所在地，川东道、重庆府、巴县，尤其是巴县最为有名，抗战时迁移到现在的巴南区鱼洞。巴县是国内一等大县，属正七品，为皇帝任命。清代的重庆府下辖有十几个州、县，巴县衙门就在重庆府城内，那时的重庆府城与巴县县城同为一城，都在今天的渝中半岛上，巴县衙门在重庆府衙的眼皮底下，巴县故得"首县"之名。

如此看来，那时的巴县并非今日之鱼洞，不过在工商业尚不发达的时期，城中有乡，乡中有城，廖青廷就在城乡文明交融的背景中，从嗷嗷待哺，到慢慢长大。

2. 穷人的孩子早当家

因为营养不良，廖青廷与同龄孩子相比较，个子瘦小，矮人一头。但是，天不遂人愿的身高体貌，却也在他日后大放异彩的厨艺生涯中，平添了几多被人津津乐道的传奇典故。由此看来，天公地道，一切皆有宿命。

廖青廷不因自己个子矮小而生出自卑心理，整个孩童时代，他天真烂漫，性格开朗，喜笑颜开。奇人总有一些与众不同之处，"小矮子"廖青廷头脑灵活，手脚麻利，进屋看脸色，出门看天色。虽然时有出格之举，比如把邻居小孩推搡到了泥巴地上，用石块追打隔壁老王的鸡鸭，等等，皆因聪明，他总能逃过邻居的告状或者父亲的暴打。

穷人的孩子早当家。廖青廷13岁的时候，父母对他的前途开始进行规划。读书进学堂，不仅家里没钱，他也不是这块料。做生意发大财，民生凋敝，社会混乱，钱挣不着不说，还有可能把命都弄丢了。思来想去，还是学厨有前途，穷怕了饿怕了，当厨师挣不了大钱，至少有饭吃吧。好好好，就这样定了。

父母有了想法与打算，便把廖青廷叫到面前，想听听他对此有什么意见。结果完全出乎父母意料，廖青廷一听叫他学厨，不禁面露喜色，满口答应。也许冥冥之中早已注定，当年少的廖青廷不时看见街上的富裕人家，大鱼大肉宴请亲朋好友，美食刺激下的强烈饥饿感，让他对厨师行业早已垂涎三尺，长大事厨的念头已经植根于心灵深处，他对未来充满了憧憬。

13岁相当于现在初一年级学生的年龄，如今的孩子衣来伸手，饭来张口，称得上是家里疼爱的"小祖宗"，父母哪里舍得让孩子去打工。然而此一时彼一时，不同的历史条件和社会环境，让人们的价值观大相径庭。苦水里泡大的孩子，也没那么金贵和娇气。能在解决温饱的情况下，学得一门养家糊口的手艺，对孩子来说，也是一件好事，何乐而不为。

13岁的廖青廷，就这样走上了"工作岗位"，由此开启了一段厨界奇人的精彩人生。

3. "适中楼"创始人杜小恬

廖青廷学厨的时间是1915年，大清王朝已经寿终正寝，时为民国成立后的第四年。

当时重庆餐饮业经过"包席馆""包席担"的"市场探索"，设堂坐店经营逐渐开始，社会餐饮崭露头角。据1921年商务印书馆出版的《中国旅行指南》"重庆"一章中记载，继重庆最早餐馆留春幄后，又有适中楼、陶乐春、二分春及四时春等悄然诞生。

廖青廷从厨学艺的地方叫"适中楼"，师傅杜小恬，一位重庆厨艺历史中的重要人物。杜小恬因为身材肥胖，被人戏称为"杜胖子"。与身材矮小的廖青廷形成鲜明对比，师胖徒瘦倒也相得益彰，进进出出皆风景，食客看在眼里，不禁哑然失笑，有趣得很。

"适中楼"是重庆餐饮史上有记载的较早的高档餐馆之一，由杜小恬一手创办，位于后祠坡即今天的八一路人民公园，后搬到通远门外的适山花园。

后人在梳理重庆餐饮史时，对杜小恬评价颇高，认为他是渝派川菜的鼻祖级人物，贡献卓著。他不仅开创了重庆第一家大型高档菜馆，用现在的话说，叫"填补了市场空白"；还在烹饪技法上也有很多创新，比如小锅小炒、一锅一炒、一

川菜烹饪大师杜小恬的创新菜：鱼香肉丝

菜一碟等技法，都始出于杜小恬。杜小恬更重要的贡献是发明了鱼香口味。由于重庆靠水，在做鱼的方面独树一帜，杜小恬便在做鱼的佐料中加入了肉，后来演变成了一道名菜：鱼香肉丝。杜小恬的徒弟们还把适中楼的名菜，带到了重庆小洞天饭店、颐之时餐厅甚至北京饭店，一直传承了下来。

杜小恬完成了成都、重庆两地川菜的融合。在适中楼，除了杜小恬本人是大厨，他还引进了成都的孔道生、谢海泉等名师，借鉴了成都川菜几十年的精华，完成了渝派川菜的最后定型。杜小恬还培养了一批名厨，让渝派川菜得以开枝散叶。杜的高徒廖青廷、熊维卿、曾亚光等，后来都成为厨界泰斗级人物。

廖青廷跟着这样一位大师学艺，名师高徒，自然功夫了得，非一般人可比。

4. "小聪明" 廖青廷

廖青廷在"适中楼"从杂务做起，作为行业学徒必修的第一课，工作包括打扫环境卫生、洗菜、洗碗、捶炭、拈毛、给汤锅掺汤换水、推磨、搭火和下火等，既苦又累。廖青廷却当作一种锻炼和学会厨艺的基本功，乐在其中。他天不亮起床，忙前忙后，直到餐馆打烊，师傅杜小恬上床歇息了，才与其他学徒挤在一间屋子里，在大通铺上睡觉。

毕竟是重庆最早一批开设的餐馆之一，又是名师主厨，"适中楼"非常受顾客欢迎，生意火红。高峰时期，一顿能卖出 200 桌。有时招待忙不过来了，便叫廖青廷客串一把。所谓招待，即民间称呼的"跑堂"，迎接顾客、安座问好、介绍菜品、端菜上桌、结算账目、送客出门等。工作看似简单，其实大有学问。旧时招待又分头招待、二招待和走菜（俗称"端工"）三种。头招待负责接客安座、介绍菜肴、结账送客；二招待负责端汤端饭，为头招待打下手；走菜则主要负责端菜。

饮食行业共有三大工种：红案、白案和招待。因此有"头堂二炉三墩子"之说，也有"一堂二柜三厨房"之称。不管哪一种说道，都把"跑堂"放在首位，可见招待工作的重要性。招待是一线工作，关系到餐馆声誉和经营成果，不仅要有娴熟的招待技术，还要具备多方面的知识。除了对本店菜品、价格和经营特色了如指掌，还须头脑灵活，口齿伶俐。廖青廷似乎天生就是干餐饮的料，虽然当招待是客串角色，依然在迎来送往之中，把客人服侍得舒舒服服的，小费少不了，还得了一个"小聪明"的绰号。

"小聪明"不仅待客上有一套，对厨艺也具有天赋。师傅杜小恬便把他安排到厨房工作，直接为墩子服务。廖青廷所做工作包括：鸡、鸭的宰杀、剔剐；鸡、鸭、鹅掌的剥制；剖制鲜鱼、虾、蟹；部分海产品和干货的泡发。此外，还负责灌填鸭、宰杀乳猪及其初加工。这类工作专业称呼为水案，是红案的一个基础工种，原指整治烹饪原料所用的案板（俗称"水案板"），现指原材料初加工这一工种。

比起杂务和招待，这一工种又脏又累，得晚睡早起，十分辛苦，但却是通向厨师的重要一步。"小聪明" 廖青廷年纪虽小，却明白事理，虽然在臭气熏天的环境中，与鸡、鸭、鱼、蟹打交道，地面潮湿，一年 365 天难得有一天干爽，他却毫无怨言，兢兢业业。倒是一想到离上灶炒菜那一天越来越近了，心头还暗自高兴，对工作更多了一份热忱。

5. 学厨艺脚踏实地

廖青廷勤奋好学，在整个学徒过程和厨艺生涯中，虽有"小聪明"之称，却一点也不耍"小聪明"。就此一点，便十分难能可贵。有道是，聪明如果用在了正道上，而且对所从事职业具有感情，与生俱来的天赋加上后天努力，天道酬勤，厚德载物，一定有一个光明的未来。

水案工作庞杂，作为厨师入门基础课，重要性自不待言，而且对一个人的秉性更是一种考验。厨师学艺必须吃苦耐劳，方能成大器。水案工作便是吃苦耐劳的具体体现，不知多少学徒因为过不了这一关，脱离了这个行业，或者勉强坚持了下来，但已在师傅心中打了折扣，未能得到真传，一辈子只能与平庸为伍。

廖青廷学习厨艺异常执着，加上聪明好学、吃苦耐劳，让师傅杜小恬喜不自胜，他决定好好培养廖青廷。毕竟是近代史上的一代名厨，杜小恬授徒也与众不同，他不仅传授红案技艺，还教习白案厨艺，一句话，他把平生所学毫不保留地都传给了廖青廷。

旧时称为"斗户"，后称"饭锅"的工作，虽然看似简单，负责舀饭和熟饭加热并协助杂务工作，但是责任心必须强，心也要细。廖青廷在师傅的指点下，很快对这个工作驾轻就熟，得心应手。

技术含量较高的墩子，廖青廷也开始学习。这个工种，原指切菜用的砧板，现用作切配工种的代称。原料加工时，要将整治干净的原料进行分档处理，再根据菜肴的要求运用各种刀法，将原料加工处理成各种形态的半成品。然后再对半成品进行组合搭配，比如根据菜肴要求，依照配形、配色、配质和配器的原则，对所需半成品原料进行组配，提供给炉子烹制成菜。此外，墩子的工作内容还包括制订原料的购进计划，核算成本和编制筵席菜单。

廖青廷还在师傅指引下，学习了笼锅技术。笼锅负责蒸菜的制作、半成品的加工以及部分干货原料的发制。笼锅又是红案的基础工种之一，必须掌握墩子（如下料、切配）、炉子（如拌味、火候）的一些技法，所以，行业中往往将笼锅工作人员作为墩、炉工作的递补力量，作为培训厨工的基础工种之一。

不仅如此，廖青廷还对冷菜制作兴趣浓厚，并得到了师傅悉心指点。这项工作特点是，根据冷菜的要求，运用不同的刀法、烹制法和调味方法，制作冷菜菜肴。难度更高的是，有时遇到大型筵席，还要负责配制冷碟，如筵席的花式、造型和拼摆。

当然，作为一个厨师，最为显露功夫和厨艺才华的莫过于炉子工作了。炉子是菜肴烹制的最后一道工序，其工作的好坏，直接关系到菜肴的质量，是饮食行业的主要工种之一。廖青廷的炉子工作更是炉火纯青，这为他日后成为重庆厨界一块"金字招牌"，获得唯一的"七匹半围腰"称号，奠定了厚实的基础。

第三章 周海秋：烹饪泰斗，往事里的一波三折

1. 年少时亲人相继离世

就在"小聪明"廖青廷享受着学厨的快乐，技艺由浅到深时，与他同时代的一个名叫周海秋的少年，却在成都平原上沉浸在巨大的悲痛之中。

当时，不管是空间或者时间，都相距遥远的两个不同地域的少年，没有想到若干年后，居然会在同一座城市，通过炉火纯青、拍案叫绝的厨艺，成为餐饮行业的风云人物，并在时间过去数十年后，依然会被人们津津乐道，还镌刻在了重庆的城市历史和烹饪文化的传奇人物榜上。

周海秋又名周福寿、周忠富，四川新都县韩家堰人。出生于 1907 年农历七月初二。父母给他取的"福寿""忠富"，具有那个时代强烈的乡村特征，以下地种田为生计的纯朴乡民，往往通过对孩子的取名，表达对长寿和富裕生活的向往。而周海秋的家庭，也确实赤贫，加上孩子多，更加困难和艰辛。

周海秋的父亲周玉波，膝下育有四子、三女，周海秋排行第三。周家由于没有耕地，只能依靠租种地主的田地维持生计。那时租种地主的田地，地主要收四成租，有些年份，地主甚至要收高达六成的租。每到青黄不接的季节，很多租种田地的贫农家中就会断炊，佃户只能向地主借高利贷，借 100 斤粮食要还 120 斤。到了年底，佃户就得把辛苦耕种一年的谷子一担一担地送到地主家里，等交了租，还了债，余下的粮食还不够全家人熬稀粥吃一个月。为了维持生计，不少佃农夫妇只能到地主家打短工或长工。尽管每天起早贪黑地干活，地主富户给的报酬也仅仅只有半斤或一斤米。生活之艰辛和不易，由此可见。

周海秋家里也不例外。就在这样的生活重压之下，他的母亲在他 9 岁时就离开了人世，剩下父亲周玉波独自承担着养家糊口的重任。无奈力量单薄，独木难

支，周玉波尽管每天起早贪黑地干活，依然无法维持一家人的正常生活，他在悲愤交加之中，一病不起，最终也随妻子而去，离开了人世。

接连失去对自己疼爱有加的父母，时年 12 岁的周海秋，陷入了巨大的悲痛之中。但是残酷的生活却容不得他有片刻喘息的时间，他必须挺起胸膛，坚强地面向未来，选择一项职业以求生计。

2. 从乡村来到县城

那天冷雨霏霏，尚未从丧父丧母之痛中挣扎出来的 12 岁孩子周海秋，擦干眼泪，随着一位亲戚从乡下来到了新都县城。

城里的繁华和喧闹，让周海秋暂时忘却了丧父丧母的悲伤，睁着一双好奇的眼睛，打量着与乡下迥然不同的世界。此时是 1919 年，也是民国八年，中国爆发了历史上著名的"五四运动"。

这一年的 5 月 4 日，北京十三所学校的学生 3000 余人齐集天安门前举行示威，提出"外争国权，内惩国贼"、"废除二十一条"、"抵制日货"等口号，主张拒绝在《巴黎和约》上签字，要求惩办北洋军阀政府的亲日派官僚曹汝霖、章宗祥、陆宗舆。

5 月 5 日，北京中等以上学校实行总罢课。6 日，北京学生联合会成立。

5 月 7 日，"五四"爱国运动迅速向各地扩展。同日，上海举行国民大会，天津、济南、太原、长沙、南京、广州、武汉、南昌等城市群众也先后集会声援北京爱国学生。此外，东京留日中国学生也在同日集队向英、美、法、俄、意各国公使馆呈书，要求将胶州湾直接交还中国。

在此风云浩荡的大时代背景下，12 岁的周海秋人生也发生裂变，从闭塞的乡村来到相对开放的新都，再从这里出发，走向成都和重庆，一个起初只为求得生计而学厨的孩子，最终成了一代烹饪大师，并在重庆餐饮史上留下了浓墨重彩的一笔。

然而，作为一个年仅 12 岁的小孩，1919 年的周海秋，却没有远大抱负和人生规划，找一份赖以生存的学徒职业，哪怕没有一分钱收入，只要有一口饭吃，最终不至于挨饿就行。

3.12 岁孩子辗转学徒

尽管社会处于变革时期，"中国向何处去"成为当时众多有识之士的共同担忧和呼声。全国各地爱国浪潮风起云涌。然而这些在中国近代史上著名的大事件，尚未波及周海秋刚刚踏入的新都县城。当地居民虽有耳闻，却未随波逐流，新都县城没有像那些大城市一样，处于时代变革的洪流之中。

朝起夕落，系马维舟，买鱼沽酒，新都县城一如既往的祥和安宁。在经过了清末民初的一番动荡后，地处偏远的新都县城，商贸经济也逐渐焕发出生机，旅店、杂货铺、布衣摊、酒肆、茶馆，在街道两旁鳞次栉比，此起彼伏。其中，一些以餐饮为主营的饮食店，夹杂其间，门楣上方一块"酒"字招牌，迎风招展，引人注目。门口店小二态度和蔼地扯起嗓子高喊，"本店主推特色菜品"，"客官里面请"。

周海秋随亲戚走到此处，有些饥肠辘辘，不禁怯生生地张望了一下。亲戚拍了拍他的肩膀，随口说声"到了"。这是一家名叫钟世友的烧腊店，位于新都县城西门外，规模不大，约六七十平方米。

周海秋亲戚与老板熟识，在周海秋父亲去世，对生活和未来一筹莫展之际，好心的亲戚便找到烧腊店老板，推荐周海秋到此学徒，混一口饭吃。城里乡下，相隔并不遥远，都是一方土地上的乡亲，老板满口答应。周海秋的厨艺生涯便从这家烧腊店开始。

烧腊泛指卤、烟熏、腌腊一类的食品，包括腌肉、卤肉、烟熏鸭子、板鹅等。卤是冷菜的一种烹制方法，将整只鸭、鸡以及大块肉等放入卤水，用酱料、冰糖汁、盐、多种香料和鲜汤等制成，煮熟后晾冷即成。需要说明的是，在四川地区，烧腊包含卤菜。

周海秋在这家烧腊店，从厨学艺了一年有余，掌握了冷菜的基础知识。后来又辗转到一家冷酒馆专攻腌卤，逐渐培养出对烹饪的兴趣和爱好。

4. 师从名厨蓝光鉴

一晃 3 年时间过去了，周海秋也从一个 12 岁的孩子，成长为一个 15 岁的少年。通过腌卤对厨艺有了一定认识后，周海秋随着日渐增长的年龄，也对自己的未来有了朦朦胧胧的一些想法，那就是如有机会，一定到更大的城市拜访名师，学习更多更高的厨艺本领。

机会总是留给有准备的人的。在周海秋展望未来，渴望有更大作为的时候，登上更大而宽阔的餐饮舞台的想法，也一步步变成了现实。

1922年，即周海秋15岁时，他在大伯父周虎臣的引荐下，来到了成都，并成为当时首屈一指的高档餐馆"荣乐园"的学徒，而老师便是川菜历史上鼎鼎有名的人物蓝光鉴。

作为颇有传奇色彩的烹饪大师，蓝光鉴与同时代的那些业内同行一样，没有进过私塾读过书，因此也没有什么文化。但他天资聪慧，对厨艺极具天赋，以徒入厨，13岁入行，一般人5年出师，但他16岁就上灶，其本事可见一斑。

蓝光鉴后来创办的荣乐园，随即成为成都有名的大餐馆，主要服务对象是地方官员及社会名流。蓝光鉴尤其擅长操办大型官家宴会，荣乐园也是当时成都为数不多的有能力操办满汉全席的餐厅。

蓝光鉴一生创造了数百种美味佳肴，不单融汇南北名菜，还对部分西方菜和清真菜进行改良，并把这些菜式纳入川味体系。他还创立了现代川菜宴席的上菜程序，比如先上冷盘，再上大菜，继而点心，最后是水果。

周海秋跟着这样一位师傅，荣幸之余，学得真本事自然不在话下，还能继承川菜正宗，成为行业内的主流厨师。值得一提的是，当时与周海秋同期学艺的另有孔道生、张松云、曾国华、华兴昌、刘读云、朱维新、毛齐臣等10余人，这些人后来大多成了特级大师。

5. 一切清零，从头开始

周海秋到"荣乐园"学徒之前，虽然已有3年从业经历，但毕竟学厨的不是上得了台面的大型餐馆，学习的也只是烧腊、腌卤之类，登不了大雅之堂，于是一切清零，从头开始。

因为家境贫寒，经历坎坷，周海秋年纪不大，却异常懂事，心态也好。他从杂务做起，再到水案、墩子、炉子，一步一个脚印，打下了扎实的厨艺基本功，掌握了变幻万千的烹饪技术，又深得师傅蓝光鉴器重。

蓝光鉴融南汇北，一生创制了300多道菜，既博采众长，又善于西菜中烹。

如此特点，简单地说就是他擅长创新。比如一道叉烧鸡，原型是西餐中的烤火鸡，蓝光鉴改用本地鸡外包猪网油烤制。这道菜后来直接启发了国宴名菜"网油灯笼鸡"的诞生。

周海秋继承了师傅扎实的基本功的同时，也领悟了创新对菜品的重要性，并把这一理念贯穿厨艺生涯始终，不求青出于蓝，但也自成一体，具有鲜明的个性和特色。

冬去春来，时光荏苒，周海秋在"荣乐园"一待就是13年。凭借着超强的厨艺，他在同期学艺的师兄弟中逐渐崭露头角，师傅蓝光鉴也是赞誉有加。在这期间，蓝光鉴时常对周海秋委以重任，点名要他担任领班，派到一些达官贵人、士绅富豪的私邸操办重要筵席。

这一上门服务现象，与重庆"包席馆"如出一辙，因为面对面为客人烹饪菜肴，对象身份特殊，必须要有过硬手艺，才能让雇主满意。不然得罪了客人不说，还可能砸了"荣乐园"的牌子。

因为深得师傅真传，又能堪当大任，周海秋每次外派操办筵席，都能凭借出众厨艺和特色独具的菜肴，让这些颇为挑剔的食客，赞不绝口，大呼过瘾。蓝光鉴也觉得脸上有光，对周海秋更是另眼相看，再次委以重任。

1930年，蓝光鉴委派周海秋到"荣乐园"分号"稷雪"主理厨政，让他独当一面。"稷雪"主要经营点心和小吃，说明当时周海秋的白案功夫已很了得。42年后，即1972年，当周海秋的女儿周心年刚刚参加工作，父亲极力要求她去学点心和小吃的时候，也许周海秋的脑海里便浮现出了他当初的这段经历，女承父业，从白案做起，既有历史渊源，也是衣钵相承。因此，当时不理解父亲决定的周心年，后来似乎也从中找到了答案。

蓝光鉴弟子众多，但像周海秋这样精通红白两案的全才，也是凤毛麟角。因而，周海秋在"荣乐园"的13年时间里，一直深得师傅蓝光鉴器重，绝非偶然。不知不觉中，当年

周海秋大师
图为正在精心烹饪的周海秋。

的懵懂少年已经长大成人，到了男大当婚、女大当嫁的年龄，而他也在媒人撮合下，有了意中人。

师傅蓝光鉴在催促周海秋迎亲娶媳的同时，还在他购置房屋时给予了极大帮助，并在周海秋结婚大喜当天，一手操办了婚礼。如此无微不至的关怀，在他的众多艺徒中，如果周海秋不算第一的话，那绝对没有人敢称第二了。

第四章 曾亚光：名厨之路，步步都是故事

1.长生桥上的私塾学生

　　旧时厨师，大多出自农村，家境贫寒，又身处社会动荡时期，一日三餐能够吃饱都殊为不易，何况读书。因此那时的厨师，基本上没有进过学堂，更没有什么文化，廖青廷如此，周海秋也不例外。

　　但有一个人有些与众不同，既上过私塾读过书，又是厨师行业的佼佼者。他叫曾亚光，1914 年 11 月出生于重庆巴县长生桥，虽然也是一个农民家庭，其父母却颇有眼界，即使从牙缝里省出钱来，也要供儿子读书。

　　曾亚光就这样读了几年私塾。作为中国固有的民间办学形式，私塾有着悠久

渝菜烹饪泰斗曾亚光代表菜品：官燕孔雀

的历史。人们一般都认为孔子在家乡曲阜开办的私学即私塾，孔子是第一个有名的私塾老师。

私塾教材，一般是《三字经》《百家姓》《千家诗》《千字文》，以及《女儿经》《教儿经》等。如果要想求得更高学问，老师还会安排习读四书五经、《古文观止》等。其教学内容以识字习字为主，还十分重视学诗作对。

私塾分为两类："短学"与"长学"。教学时间短的称为"短学"，一般是一至三个月不等，家长对这种私塾要求不高，只求学生日后能识字、能记账、能写对联即可。而"长学"每年农历正月开馆，到冬月才散馆，其"长"的含义，一是指私塾的先生有名望，教龄也长；二是指学生学习的时间长，学习的内容多。

曾亚光显然读的是"长学"，父母供他读书的最初目的，也许还残留着通过科举考试入仕做官的想法。然而，当时已是民国初期，科举制度早已废除，文以载道的路走不通了，但若一门心思做学问，掌握更多文化知识，将来当一名教师，也是一件光宗耀祖的事情。

曾亚光就读私塾的时期，大致在廖青廷、周海秋从厨学艺的前后。这一阶段，中国政局风云变幻，动荡不安。1912年溥仪退位，同年中华民国正式成立；1915年袁世凯称帝，后于1916年病亡；1917年张勋复辟；1919年中华革命党改组为国民党；等等。

曾亚光在如此混乱的时局中，还能独善其身，专心读书学习吗？

2. 在古人典籍中找到烹饪乐趣

曾亚光的家乡巴县长生桥（今属南岸区），山清水秀、景色美丽，远离喧闹嘈杂的主城市区，是一个读书习字的好地方。

曾亚光在私塾读书时，发现先生课前课后对一些古典书籍爱不释手。久而久之，他的好奇心日渐加深。一次课后，他见先生收拾好教学用书后，又埋头读起那些古典书籍，便走上前去，抱着求学态度，问先生那是一些什么书，以致如此津津有味，埋头苦读。

先生不曾想到曾亚光有此一问，便说都是一些闲书，古人写的一些美食书籍。乡下幽静也清贫，乡民饮食皆以充饥为主，对一日三餐概不讲究，先生虽为前清落第秀才，也见过一些世面，对美食无力践行品尝，但是心生向往，望梅止渴，又何尝不可。

见学生曾亚光有此兴趣，便照书上描述，给他讲解起来。"学问之道，先知而后行，饮食亦然"先生说，他正在读的书名叫《随园食单》，为清乾隆年间的大名士袁枚所著。先生还强调一句，袁枚是与纪晓岚齐名的人物，并称为"北纪南袁"。

袁枚在《随园食单》中，以自己在各地游历时所见美食为主线，用散文体加以记述和介绍。其中不乏生动活泼的故事和一些特殊的烹饪技法。袁枚谈到了一种名叫"混套"的怪馔。做这道菜时，先将鸡蛋打一小孔，将蛋清蛋黄倒出，去黄留清，然后加煨浓鸡汁搅匀，再装入蛋壳。用纸封孔，再蒸。熟后剥皮仍浑然一蛋。袁枚在书中，还津津有味地谈到食后感受：味鲜异常，欲罢不能。

如此美味佳肴，对于长期处于半饥半饱状态的乡下孩子曾亚光来说，简直闻所未闻，听得他瞠目结舌。先生接着说，《随园食单》还介绍了不少家居之菜的做法，不过颇有创新特点，方式也新颖。如"黄鱼切丁"，先酱油泡浸，沥干后爆炒，带皮肉煮半熟，再经油烧，切块蘸椒盐。再如"羊羹"，即熟羊肉丁，以鸡汤加笋丁、香茹丁、山药丁同煨，味极鲜美，据说尚未食之，仅仅看一眼，就能叫人垂涎三尺。

先生说他还在看一本名叫《醒园录》的书，为清乾隆壬戌进士李化楠所著，其子李调元编刊成书。并介绍道，李调元为乾隆癸未进士、翰林院庶吉士，历任吏部主事、广东副主考，吏部考功司员外郎、广东学政等职。

与一般的文人食谱不同，《醒园录》记载的菜式做法非常详尽，已经超越了文人体验式的美食记述，比如其中记载的"醉鱼烹制法"，就异常专业。做这道菜时，将新鲜鲤鱼收拾干净，腌两日，翻身再腌两日，即于卤内洗净。再以清水洗净，晾干水气，后入烧酒内洗过，装入坛内。每层鱼各放些花椒，用黄酒灌下，淹鱼寸许。再入烧酒半寸许。上面以花椒盖之，泥封口。总以鱼装的七分，黄酒淹得二分，烧酒一分，可成十分满足，吃时取底下的，放猪板油细丁，加椒、葱，刀切极细如泥，同炖极烂，食之，香鲜至极、回味无穷。

曾亚光听了先生介绍，就像先生当初接触这些美食书籍一样，对美食和烹饪另眼相看，并由此有了学厨的打算。

3. 进城学艺"适中楼"

曾亚光学厨时间是1928年，时年14岁。

那是一个内战不断的时期，投笔从戎，志在疆场，是当时不少热血男儿的选择。至于"读书改变命运"一说，像曾亚光这样仅仅读过私塾，并没有在新式学堂接受过综合教育的乡下人，很难有所作为甚或出人头地。参军入伍，年龄尚小。但是家境贫寒，如不马上找一份工作，生活将雪上加霜。曾亚光左思右想，已深受私塾先生影响的他，早已培育出对烹饪和美食的兴趣，便决定把厨师职业当作最终的选择。

曾亚光学厨的餐馆叫"适中楼"，也是廖青廷先他一步拜师学艺的地方。廖青廷年长他几岁，自然是师兄。"适中楼"的名字颇有寓意，含有舒适平和、四通八达之意。师傅杜小恬在渝派川菜发展史上占据着举足轻重的地位，就当时而言，也是誉满重庆餐饮界的一个人物了。

跟着这样的一位大腕老师学艺，曾亚光既亢奋又忐忑。幸好他读过书，头脑灵光，又吃得苦，很快便在"适中楼"如鱼得水。那时学厨的人，几乎没有文化，受过中国传统教育的曾亚光，注重礼仪，尊师重友，彬彬有礼，很快便得到了杜小恬器重。

餐馆日常工作中，用得上"文化"的地方不少，比如客人点菜后开单，用餐后结算账目，写菜谱等。每当这时，曾亚光便学有所用，能够发挥作用。有一次，曾亚光主动请缨做了一件事，让人对他刮目相看。

这年春节，师傅杜小恬按照惯例准备请一位秀才，出一副对联，然后找人写了贴在门上，辞旧迎新，给来年增添好运。一旁的曾亚光毛遂自荐："师傅，我出一联试试。"杜小恬将信将疑，那就让这崽儿试试，反正又没损失，出好了还将节约创作费，少花两块大洋。

曾亚光凝神屏息，很快拟就一副对联。师傅杜小恬一听，不禁拍案叫好："你崽儿有出息，不错，很好。"上联"大肚能容，容天下美味佳肴"；下联"开口便笑，笑狂扫玉露琼浆"。此联对仗工整，平仄韵律协调，又契合了餐饮特色，富有幽默感，实在是高。

杜小恬高兴地大喊一声："叫人写了，贴门上。"当这副墨迹未干的对联贴在了大门两旁，又加上横批"色味俱佳"以后，受到过往行人称赞，曾亚光也小小地出了一下风头。

4. 艺成师满，闯荡江湖

作为厨艺学徒，能出一副对联，不算正途。能把锅碗瓢盆掌握好，做得一手好菜，方为大道。

曾亚光深以为然，因此在厨艺学习中格外用心和勤奋，也得到了老师杜小恬悉心指导。但他三年后艺成师满，却做出了一个让人意外的惊人决定。所谓"读万卷书，行万里路"，曾亚光想趁年轻，外出闯荡江湖，见识一下各地美食。

杜小恬不仅觉得厨艺是一门技术，还以为厨师也需要阅历和见识，使眼界更为宽广，格局更大，这样对厨艺水平的提高，也有极大帮助。于是，他答应了曾亚光通过外出游历，见识和学习烹饪技术的要求。

曾亚光首先来到常德市，这是江南著名的"鱼米之乡"。作为湘菜的故乡，曾亚光见识了川菜之外的烹饪制法。湘菜，又叫湖南菜，是中国一种历史悠久的地方菜，是汉族饮食文化八大菜系之一。以湘江流域、洞庭湖区和湘西山区三种地方风味为主。

湘菜注重酸辣，制作精细，用料广泛，口味多变，油重色浓，讲求实惠；制法上以蒸、腊、煨、炖、炒诸法著称；菜品以香鲜、软嫩见长。曾亚光还在常德江边吃过苗家传统小吃"马打滚"，原料有糯米、黄豆、芝麻、花生米，外色金黄香脆，内质软白嫩甜，味道特别。当然著名的常德米粉，曾亚光也吃过。

曾亚光还去了武汉和南京。民国时期，武汉由于清末的洋务运动和口岸开放，工商业繁荣，饮食文化发展较快；而南京作为民国时期的首府，就饮食文化而言，同样繁荣和璀璨。

当时，武汉有一家名叫"蜀腴"的餐馆，仅听名字就知道是由四川人所开，事实也是如此。老板刘河官是四川成都觞园的少东家，出川到汉口闯天下，想不到一炮而红。"蜀腴"的招牌菜是水铺牛肉，据说是老板跟家里一位佣人所学。做这道菜时，先把两分肥八分瘦的嫩牛肉，剔筋去膜，快刀削成薄片，芡粉用绍酒稀释，加盐糖拌匀，放在滚水里一涮，撒上白胡椒粉开吃。白水变成鲜而不濡的清汤，肉片更是软滑柔嫩，风味独特。

南京作为曾经的民国首府，自然菜肴丰富，美食荟萃。其中有一道名叫"美人肝"的佳肴，虽为当时的"百姓菜"，但因与白崇禧有关而异常流行。

"美人肝"又名"健生美人肝"。据说有次白崇禧在清真菜馆"马祥兴"吃饭，订餐时间仓促，菜没凑齐，店家便将鸭胰配上鸡脯肉、冬笋等清炒，白崇禧吃后觉得美味无比，问起菜名。饭店老板情急之下，临时起了名字，说叫"美人肝"。又因为白崇禧号"健生"，这道菜就被命名为"健生美人肝"。后来这道菜广为流传。

以游历学艺为目的的曾亚光，在武汉、南京时，自然去"蜀腴"品味过水铺牛肉，也感受过"健生美人肝"的独特味道。由此他的厨艺水平兼收并蓄，海纳百川，为他日后成为厨界泰斗级大师，埋下了伏笔。

上海，19世纪中叶以来，经历了百余年的繁华与荣耀，是当时亚洲首屈一指的大都会。这里不仅豪华大气、高贵时尚，而且中西美食荟萃，也是名副其实的美食之都。

曾亚光从厨学艺，岂能放弃去上海大开眼界的机会。那时的上海滩清帮为大，帮会猖獗，各个餐馆、饭店都有黑道把持，收取保护费之类，想上门学艺或与同行交流切磋非过此关不可。

曾亚光闯荡江湖，对此行规一清二楚。于是主动找上当地一位帮会大哥，亲自下厨弄了一桌具有重庆风味的地道川菜，算是拜码头，以求不被暗伤和驱逐。帮会大哥对曾亚光所弄菜肴，大加赞赏，连呼过瘾，又认为曾亚光"懂规矩"，便任由他东奔西跑，不再派手下骚扰添乱。

在上海，曾亚光对具有海派特色的风味小吃、饭店菜肴，特别是沪上有名的海参、鱼翅等的烹制技法，都有了全新认识，不仅拓展了眼界，烹饪技术同样突飞猛进。

曾亚光大师代表菜品：宫保虾球

第五章　重庆设市，一座现代意义城市的开篇

1. 西南工商业中心

重庆餐饮于抗战时期达到鼎盛，已是一个不争的事实。有人说，饮食文化与城市盛衰密不可分，更是经济社会发展的重要组成部分。

"王者以民为天，民以食为天。"此句出自《汉书·郦食其传》，指人民以饮食为自己生活所系，说明了饮食的重要。但是，如果百姓不富足，饮食何以丰富多彩，何以成为一种生生不息的文化，代代相传。

饮食的繁荣是以物质为基础的，抗战之前重庆城市的发展，似乎就是为了满足这样的条件，对城市旷日持久地进行了一次"改造"。从而无意之间，为他日的美食风光和名扬天下，奠定了厚实的饮食基础。

1926 年 6 月，四川军阀刘湘驱逐黔军袁祖铭后，以四川善后督办、川康边务督办的双重身份由成都进驻重庆，开始了长达 10 年的以重庆为中心的统一川政事业。1927 年 11 月，重庆设市，刘湘委任 33 师师长，潘文华为市长。1929 年 2 月 15 日，正式成立重庆市政府。1934 年 10 月，经国民政府批准，重庆为四川省辖的乙种市。至此，重庆正式完成建市的法律程序，成了当时全国少有的都市之一。

刘湘主政重庆时期，重庆凭借优越的地理环境，良好的水运交通，再加上政治局势相对稳定，在城市建设和经济建设方面，都取得了较大发展。到抗战全面爆发，重庆已成为西南的工商业中心，一座现代意义上的城市逐渐成形。

1929 年 2 月重庆建市后，刘湘的 21 军成立了"审定市县权限委员会"，全权办理市县划界事宜。经过数日勘察，把巴县划入场镇的有两路场、海棠溪、南城坪、姚公场、弹子石及县城全部；把江北县划入市区的有宝盖、上关、弋阳、

金沙、樱花、下石梁、上石梁七厢、相国寺、溉澜溪两码头以及县城全部。根据此次勘划结果，江北划入 3.75 平方千米，巴县划入 43 平方千米，全部面积为 46.75 平方千米。

为了适应城市发展，按照重庆发展规划，依据 1927 年 3 月市政当局《暂行简章》14 条进行："以南纪门至菜园坝一带为第一区，临江门至曾家岩一带为第二区，曾家岩经两路口至菜园坝一带为第三区，通远门至两路口为第四区，南岸玄坛庙至龙门浩一带为第五区，江北嘴至香国寺一带为第六区。次第开辟，分期进行。"

由此，重庆在现代化进程中迈出了重要而关键的一步。

2. 近代工业从无到有

虽然是军人，强项是打仗，但刘湘、潘文华在治理城市上也很卖力。20 世纪 30 年代前后，正是近代文明向现代文明过渡时期，发展城市经济便显得至关重要。

潘文华作为重庆的第一位市长，把发展工业当作大事来抓，在传统手工业的基础上，大力建设现代化工业企业，让重庆的经济有了缓慢的增长。据国民政府经济研究所《中国工业调查报告》统计，1933 年重庆有近代工厂和手工工场 415 家。另据《四川经济季刊》统计，1936 年四川电力、钢铁、水泥、化学、机器制造等工业厂家多达 583 家，重庆占全省厂家总数的 71%。

那个时候的重庆，虽然近代工业尚处萌芽状态，与全国发达地区相比没有多少优势，比如武汉、上海等地。但在四川和西南地区，由于工业企业集中，又免遭战乱之患，重庆已经发展建设成了一个发达城市。除此之外，重庆的商业也在四川和西南地区，占据着主导地位，算得上一个相对繁荣的城市。据 1936 年《四川经济季刊》统计，重庆城内有商业行业 27 个，店铺门面 3058 家，而同期四川乃至西南，各类工厂仅 2000 余家，重庆理所当然地成为西南最大的商贸中心城市。

重庆"一面当陆，三面滨江"，发展水运和公路建设势所必然。重庆以民生公司为代表的川江航运业，继开通上到合川的嘉陵江航线后，又开通了上至宜宾下达上海的长江航线，让重庆走向世界，又多了一条途径。重庆对公路建设同样不遗余力，从 20 年代始，建成了成渝、川黔、川湘、川陕等公路。为了构建立体交通线，重庆于 1936 年开始修建九龙坡机场，接着是广阳坝、珊瑚坝、九龙坡机场，并与欧亚航空合作，开通航线，形成了重庆与西南各大城市、全国各地相联系的航空中转站，也促进了重庆的开放和发展。

凡此种种，重庆大规模的城市建设，在极大地促进经济发展的同时，也为重庆餐饮业鼎盛时期的到来，做好了准备。

3. 烹饪之源："水"和"电"

烹制美食离不开"水"，而"电"在饮食业中的重要性，也不言而喻。重庆在潘文华治下，对"水""电"工程建设异常重视，将其当作市政重点工作大力推进。当然，潘文华"治水""通电"，并非因为美食缘故，但是在客观上为这个行业的发展，提供了便利和保障。

1930 年前，重庆尚无自来水设施，城市居民用水，主要依靠"下力人"挑运。据 20 世纪 20 年代末统计，因为城市人口增长较快，用水量大，当时以挑水为生的"下力人"达 2 万多人。尽管如此，城市居民用水依然供不应求，异常紧张。

为了解决这一窘迫，重庆市政府牵头成立了官督商办的自来水公司筹办处，并聘请曾在德国留学的我国工程技术人员主持规划设计，还从德国西门子公司订购设备。从 1927 年到 1931 年，经过 4 年时间的规划设计、现场施工、运营调试，重庆终于正式供水。这一创举，放眼整个四川，因为开办第一家自来水厂，也具有里程碑意义。

随着城市人口的不断增加，自来水业得以不断发展。水厂建成初期，日供水量为 2000 余吨；后经改造，到 1937 年，日供水量达 4000 吨，基本上满足了城市用水的需要。

重庆发电和供电历史，要早于城市居民供水。据《重庆开埠史》介绍，重庆发电与供电始于 1907 年。但是，重庆真正专门修建电厂，即重庆大溪沟发电厂，时间已经到了 1933 年。这时科学技术相对发达，一些设备国外也能专门供应。在此万事皆妥的情况下，重庆大溪沟发电厂即在修建的第二年，便正式投入运营，开始向市区和江北城的两条供电线路供电，到 1937 年，供电范围达 40 平方千米，供市区、江北、南岸、沙坪坝等地用电。

4. 就餐大环境的改变

重庆城市化发展过程中，对城市环境的改造也在同步进行。从另一个角度说，此举为重庆餐饮业步入辉煌，客观上创造了客观条件。

今人民公园的前身中山公园，最早定名为中央公园。1929年8月开建，位于上下半城之间的后伺坡，作为重庆第一座公共园林，成为居民休闲、憩息和娱乐的热土。该园占地面积约1公顷，设有亭、堂、假山、草坪、儿童游戏场、网球场及阅览室等。重庆接着又于1933年6月，修建了江北公园。该园占地面积3.16公顷，从而改变了重庆城市无公园绿地的状况。

与此同时，重庆市政建设也在如火如荼进行之中。1927年，重庆主城区修筑和改善干道时，同时开始路灯建设。开始时，由于资金薄弱，设备简陋，路灯采用的是汽油灯。这种灯较为"原始"，下雨时容易被水渗透浇灭，出太阳时又因为天干物燥而易燃。但是毕竟给城市居民带来了"光明"，使之前吃了夜酒或者走亲访友的市民不再迷路、摔跟斗等，因而大受称赞。

可是好景不长，安装这些路灯的公司，突遇大火，发电设备大部分被烧毁，多数路灯便成了摆设，剩余的极其少量的路灯，仿佛浩瀚宇宙中的几点星光，起不了多大的照明作用。在这期间，因为城市处于黑灯瞎火之中，少不了偷鸡摸狗之徒，重庆市警察局倍感压力。于是，在居民怨声载道声中，更换路灯便成了当务之急。

所幸1934年重庆大溪沟发电厂建成，并开始供电，全市电力供应得到极大改善。当时升级换代的路灯，为300瓦的美孚玻璃灯，共932盏。到1936年，重庆市主城区共有路灯1338余盏。当年全市有街巷、梯道495条（段），装有路灯的就有400余条（段），覆盖面约占80%。

在潘文华任市长之前，重庆主要的交通工具除了滑竿就是轿子，非常落后。经过大刀阔斧的城市建设，重庆城内先是出现了人力黄包车，接着汽车大量涌现，到后来汽车成为主要的交通工具，既方便了市民的生活，又促进了重庆经济的发展。

朝天门码头（摄于 1936 年）

图为客货船云集的朝天门码头。

5. 渡口码头的时代使命

两江环绕的重庆，自古以来都是长江航运的重要港口和货物集散地。开埠之前，由于地处内陆，相对闭塞和落后，表现在水运交通工具上，使用的都是木船。

随着近代化进程加快，以英国"利川号"轮船为代表，大量轮船驶入重庆，对于具有现代化能力的码头的需求，日益增大。重庆审时度势，开始修建朝天门和嘉陵江码头。

从 1926 年到 1934 年，重庆通过 8 年时间，沿着长江和嘉陵江两岸，共修建渡船码头 40 个。1935 年，接着修建了太平门、千厮门、飞机坝、金紫门、江北、储奇门码头。这些码头的修建，不仅有力地促进了川江航运，还为重庆工商业的进一步繁荣，以及重庆成为抗战时期的美食之都打下了基础。

城市建设是一个浩大工程，事关居民生活的方方面面。有水有电的同时，消化居民杂物和污水的下水道建设，其重要性不言而喻。

1927 年重庆建市前后，城市建设尚无统一规划，排泄污废水的沟渠，胡乱形成，野蛮生长，阳沟暴露地面，既不美观又污染环境，而阴沟阻塞现象又十分严重。即使寒冬腊月，也是苍蝇乱飞，奇臭难闻，这给居民生活带来了极大不便，也让城市形象沾染上了"污点"。

针对这一状况，潘文华主政的重庆市政府，于 1935 年拟定计划，准备通过两年时间的治理，疏浚城区排水沟渠，让居民生活面貌得以彻底改观。

这一下水道工程计划，围绕重庆长江和嘉陵江沿岸，把城内的过街楼、小什字、三牌坊、鲁祖庙、复兴关等 20 余条主要街道囊括在内，进行规模宏大的疏浚工程。所谓人定胜天，最终基本消减了泛滥阻塞之患。

第六章 别有风味的餐饮名店

1. 一座有着美食基因的城市

重庆城市化发展进程，在改变城市面貌和居民生存环境以及提升生活质量方面，起到了极大的推动作用。陪都时期的美食，无疑也在这个过程中，夯实了基础。

重庆是一座有着美食基因的城市，这里不仅是巴渝文化的发祥地，有着悠久的历史，还是一座美食文化源远流长的城市。重庆川菜起源于春秋战国，形成于秦汉，发展于唐宋，兴盛于晚清，最后在抗战时期达到高潮。

抗战时期的渝派川菜兼收并蓄，海纳百川，形成"一菜一格，百菜百味"的风格，构筑起名扬天下的美食高地。但是必须承认，在此之前重庆餐饮已呈复苏之势，并以胸怀天下的姿态，迎接着现代史上第一个美食大时代的到来。

美食的盛衰，与经济繁荣或凋敝有着直接关系。重庆开埠，各类商铺随着中国近代商业的崛起而兴旺，随着现代经济的发展而壮大，一批餐饮名店如雨后春笋般脱颖而出。

清末民初第一个餐馆是哪家，似无争论，各种史料显示，应为留春幄。据1996年出版的《四川省志·商业志》记载："宣统元年至二年间开办的留春幄餐馆，是重庆最早的餐馆。"

关于留春幄的历史，1939年出版的《新重庆》也有介绍："留春幄的牌子最老，范围最大。"另据1937年3月29日重庆《商务日报》记载：地处重庆的川东道与重庆府二宪于1910年举办了赛宝会。也就是在这届赛宝会上，"遂有留春幄餐馆出现"。

留春幄的店名由当时的重庆名流、曾任四川省立重庆高级商业职业学校校长的梅际郇先生所取。此后"旋乃有木匠街之唯新餐馆、江家巷之陶乐春、后伺坡之适中楼、商业场之二分春开业焉"。1926年商务印书馆出版的《中国旅行指南》"重庆篇"中如是介绍。

重庆第一批餐馆，均能制作海参和鱼翅席。其中，适中楼、久华源亦有能力制作200桌以上的大型烧烤席和鱼翅席。而陶乐春承办的海参席，所烹制的一品海参，采用乌参、火腿、金钩、猪肉、冬笋、口蘑等为原料，色味俱佳，颇具特色。

2. 这些老字号的前世今生

继适中楼、陶乐春、唯新等餐馆之后，重庆又陆续出现了一批餐馆。这些店定位不一，各有特色，成为无法湮没的历史深处的"老字号"。

1920年创办于重庆的粤香村餐馆，起初是由三个下江人合伙开设的一家小饭摊，后转让给在川江跑船的骆姓人家，这家主人祖籍广东，离乡背井，对家乡充满思念之情，便将小餐馆取名为"粤香村"。抗战期间，粤香村生意红火，店面从排档发展为十余张桌子的餐厅。精明的骆老板为了使餐厅做出特色，1943年聘请了当时的山城名厨陈青云（后文将做详细介绍）来店主厨。陈青云炖制牛肉汤有诀窍，对粤香村的牛肉汤进行改良，创制了清炖牛肉汤，油而不腻、清澈透亮，浓香扑鼻，加上特制的蘸料，很快赢得食客青睐，后又陆续创制了牛尾汤、牛鞭汤，加上牛肉汤，即著名的"三汤"，一时粤香村生意兴隆。

老四川原址

1956年公私合营后粤香村被收归国有，"文革"当中曾经更名为"红岩餐厅"。1985年与老四川餐馆合并，统称为"老四川"。老四川也是一家风味餐馆，由自贡人阎文治、钟易凤夫妇创办于20世纪30年代初。先在街头摆摊经营，主打灯影牛肉、精牦牛肉和火鞭牛肉，即著名的"三肉"。其中灯影牛肉，因其片薄如纸、红润透亮、

老四川酒楼菜品：灯影牛肉

老四川酒楼菜品：精牦牛肉

麻辣鲜香、风味独特而名声大振。天长日久，这家路边摊资金渐多，遂改摊为店，开设了老四川餐馆。

重庆著名火锅品牌"一四一"，也有一段类似的故事。一四一火锅店创立于20世纪30年代，创始人为蓝树云。为什么以"一四一"命名，据说原因很简单，蓝老板为了方便，把店的门牌号数 —— 保安路141号，定为了店面招牌。但坊间却流传着另一种说法，即蓝树云以诚信为立店之本：制作火锅底料，决不掺杂使假，卖的菜品，该是什么价就是什么价，决不短斤少两；店铺该几点开门几点关门就几点开门关门，决不早打烊晚开门，开店讲的就是"一是一、二是二"。"一是一"与"一四一"谐音，于是蓝老板就以"一四一"为餐馆招牌。

后来与一四一发生"关系"的云龙园火锅店，原名为"临江毛肚火锅"。20世纪30年代初由杨海林创办，杨的火锅调味技术在行业中相当有名。据说，当年刘湘的秘书慕名去品味，但见锅内红浪翻滚，瑞霭氤氲，食物在锅中忽上忽下，如游龙戏水，秘书吃得酣畅淋漓，即兴为之题"云龙园"作为招牌，1963年云龙园迁至七星岗，更名为"山城火锅馆"，1966年杨海林调往一四一主厨，不仅把调味技

八一路老四川老店

术带到了一四一，而且把原云龙园的老顾客也带到了一四一。至此，一四一火锅店，实际上是"一四一"与"云龙园"技术的合并，这里一年四季都卖火锅，天天座无虚席，其情其景，至今提及，仍令昔日老饕垂涎三尺，悠然神往。

3. 各具特色，30 年代餐馆的定位

20 世纪 30 年代，重庆餐饮业更加活跃，餐馆定位也更加大众化，让寻常百姓也能时不时呼朋唤友，去餐馆打一打"牙祭"。

白玫瑰餐馆于 1933 年创建，店址在重庆会仙桥 29 号，经理辛之奭，经营范围较广泛，设有中餐部、西餐部和舞厅。20 世纪 40 年代进入鼎盛时期，有 8 家分店分布在成渝两地，是当时著名的餐馆。1950 年歇业，合并于颐之时餐厅。1981 年由辛之奭牵头成立股份合作制形式的餐饮企业，恢复白玫瑰招牌，餐厅设在五一路重庆剧场负一楼，该店以小份低价、经济实惠、快捷方便为经营特色。早晨供应多种风味别致的小吃，中、晚餐供应中餐，品种有传统炒菜、烧菜等。

前文叙述过的周海秋，后来便在白玫瑰事厨，他在业界颇有传奇色彩的经历，常被后人津津乐道。这是后话，将在本书后文详述。

四象村原为湖北汉口市的餐饮名店，创办于 20 世纪 20 年代，由王荣成等四人合伙经营，餐馆取名"四象村"是期盼生意兴旺，财源如大象般滚滚而来。

抗战期间，王荣成等人连店带厨师举家内迁，进入四川，先在万县沿用四象村老招牌开店经营，1948 年四象村又西迁来到重庆邹容路，公私合营后迁至邹容路大众游艺园街口营业。当时有九张靠墙餐桌，后又迁至大梁子、八一路等地，主要厨师有赵祖坤、杨小山、邓雨亭等。四象村制作的鄂式菜点非常地道，三鲜豆皮、烤麸、糯米烧卖、小笼汤包、划水汤面、炒年糕、脆炒米粉等，不仅湖北老乡爱吃，重庆本土食客也喜欢，是当时生意最好的湖北味餐厅之一。

1988 年因经营场地的调整，四象村把经营场地让给心心咖啡店而停止营业。

重庆著名的风味食店"王鸭子"，其发展历程中也有一段故事，只是鲜为人知罢了。1932 年，在位于重庆保安路（现八一路）220 号的地段，有一家名叫"稀馐"的冷酒馆，店主为成都人蒙良荣、李书云夫妇。这家店专营卤菜、腌腊制品和冷酒。

一年四季，风雨无碍，"成都稀馐食店"长条的金字招牌悬挂门上，格外醒

目。据说该店是蒙氏夫妇 1930 年以前在成都"盘飧市"创建，曾经闻名川西坝子，此次从成都整体迁来重庆，连金字招牌也是从成都带来的。

稀馐的腌腊制品堪称巴蜀一绝，品种繁多，琳琅满目，如：元宝鸡、五香风肉、关刀肉、香肚、香肠、金银肝、熏牛肉、羊排、腊兔等制品，以元宝鸡、蝴蝶猪头最为著名。元宝鸡"皮黄泛白油亮，腌香浓郁鲜嫩"，佐酒下饭，实在美妙；蝴蝶猪头色泽金黄，腊味香浓，肥而不腻；其猪耳朵、猪拱嘴更是上好的下酒菜。稀馐的腌腊制品无论是店中小酌、家庭年筵，馈赠亲友均可，在店堂一经挂出，常常被一售而空。

1957 年公私合营，稀馐食店在 20 世纪 60 年代中期曾更名为"自力"食店，1972 年恢复稀馐招牌，名小吃技师黄绪林传承了蒙良荣、李书云的技艺。1979 年因房屋拆建，稀馐与另一风味食店——王鸭子——合并。

4. 咖啡与豆花，时尚和土火混搭

虽然不如抗战时期鼎盛火爆，20 世纪 30 年代的重庆餐饮，却不乏精彩和故事。当时，重庆经过十几年的发展，已成为四川乃至西南地区的一个具有现代意义的城市。上流阶层生活方式受西方影响，以摩登洋派为荣；但平民却心有余而力不足，仍以温饱为主，对平民化的饮食尤为青睐。因此，重庆饮食出现时尚与土火混搭，各撑半边天的景象。

重庆最早的咖啡店，当数开办于重庆下半城的生然罐洋酒店，时间大约是 1912 年。该店专营洋酒咖啡，客人以外国轮船上的海员为主。此后，又陆续有涨秋咖啡厅、祺春咖啡厅和英年会咖啡厅开办。

1937 年冬，田常松、田常柏兄弟在民族路皇后餐厅（现在的会仙楼），开办了一家名叫"心心"的咖啡店。田氏兄弟资金雄厚，所聘厨师的技术都是一流水准，其厨房所用设备和餐具全部从国外进口，而咖啡豆来源于巴西。为了保证质量，咖啡用机器磨碎，定量现煮，顾客添加白糖或牛奶，不受限制，任意添加。

心心咖啡厅的冰淇淋，品种齐全，有可可、香草、双色、咖啡、水果、蛋卷等品种。所用鸡蛋先用高锰酸钾水浸泡，然后一洗二清，再用于加工。香料是从法国、意大利、荷兰进口的。该店经营的饮品、西餐、西点，堪称一流，领先于时代，令其他西餐厅望尘莫及。心心咖啡厅的管理，在当时是最先进的，经理、大厨、招待、杂工分工明确，各司其职，餐具"一洗、二清、三进消毒柜"，收款用收银机。

1946 年国民政府还都南京后，心心咖啡厅生意开始清淡。1949 年末田常松、田常柏收拾细软飞往香港，咖啡厅由其弟田常福打理。1953 年以后心心咖啡厅除继续供应西餐外，增加了粤式早点，如：叉烧大包、鲜肉大包、牛奶粥、猪肝粥、鸡参粥、油淋纸包鸡、肉丝炒饭、鸡包饭、鸡蛋炒饭等，生意又红火起来。1956 年心心咖啡厅进行公私合营，1988 年因房屋拆建，迁至邹容路营业，几年后再遇拆迁而退出餐饮市场。这块曾经红透陪都的招牌，从此尘封在历史的记忆中。

在重庆"高大上"的咖啡店走红的背景中，一家名叫"高豆花"的平民店，也深受广大市民欢迎，其超高人气一点儿也不输咖啡店。该店营业期间，顾客络绎不绝，不仅有贫民也有中上层人士，因而成为一个独特现象，在重庆餐饮历史中占据着一个不可或缺的位置。

高豆花创办于清代末年，位于重庆天花街一条小巷的宅院内，因店主姓高，人们称之为"高豆花"。第一代店主高和清治店有方，菜品味好，价格公道，生意红火。抗战时期天花街一带的房屋被日机炸毁，第二代店主高白亮在邹容路重建了一栋临街楼房，其经营业务也有所扩大，除豆花以外增加了炒菜、蒸菜、卤菜，成为一家大众化的中型饭铺。

高豆花第三代店主高先佐，在成都读高中时参加了中国共产党，毕业后回到重庆继承祖业。名义上高先佐是老板，豆花馆实际由其母亲经营，高因工作需要打入袍哥会，与三教九流打交道，暗地里从事革命活动，新中国建立后，高先佐把高豆花餐馆产业全部捐献给了国家。

5. 拜师学艺，烹饪手艺代代相传

记述重庆厨界历史，业内盛行的拜师礼仪不能不提。作为文明古国、礼仪之邦，中国历来讲究尊师重道，千百年来，师徒相授一直是厨界传承最主要的形式，因此，厨界特别强调师徒名分，讲究尊师礼节，注重拜师礼仪。在厨界不论是老师，还是学生，都把拜师仪式看作一件非常隆重和严肃的事情。

不论是已在本书中出过场的廖青廷、周海秋和曾亚光，还是即将亮相的徐德章、张国栋、吴海云、陈青云、陈志刚等人，都遵循传统，按照厨界规矩，举行过拜师仪式。举行拜师仪式，首先要选择一个良辰吉日，举行仪式时，参加者除了老师和拜师者，主要是门内叩头弟子。一般程序是：

设立香堂，上供厨师祖师爷伊尹（巴蜀厨师也有称詹王为始祖的）牌位，陈设香炉、香案。香案前摆放八仙桌椅等。

一、司仪讲话，做概括发言后，有请师傅上台。

二、师傅到香案前，燃香后，三鞠躬，给祖师爷上香。

三、司仪请师母上台落座。

四、徒弟们跪着宣读拜师帖，之后，呈给师傅，双手举过头顶，由司仪把拜师帖交给师傅。拜师帖内容：徒弟自识师傅以来，大师厚德载物的人品，艺贯厨界的技艺，都令晚辈心生景仰，如能有幸，我愿拜在师傅门下，聆听师傅教诲，望师傅教之、督之、鞭之。生我者父母，教我者师傅，一日为师，终身若父。恳请师傅收我为徒！

五、师傅发言，表示同意收为徒弟。

六、徒弟向师傅行跪拜礼，三叩首，说："师傅在上，徒弟给你磕头了。"

七、徒弟给师傅敬茶，单膝跪地，茶碗捧过头顶；徒弟给师母敬茶，单膝跪地，茶碗捧过头顶。

旧时厨界拜师仪式大致如此。新中国成立后的20世纪六七十年代，不再倡导拜师仪式，师徒之间以订立"师徒合同"为准。改革开放后，拜师仪式再次兴起，程式与时俱进，融入不少新内容。如由师傅给徒弟授高筒厨师帽，发放授徒证书。

师傅对徒弟所说的内容为："授徒之道，首重在德，其次在忠，其次在勤"，这是我厨门祖训，传承厨艺，光大师门，是为师多年夙愿。通过交往，为师认为你符合授徒条件，我愿意收你为徒，倾我所学，传你技艺。

接着师徒互赠礼物、见证嘉宾代表讲话、合影留念等等。

第七章　名厨风云际会，大师各有绝活

1. 徐德章：一位茶馆里闯出来的名厨

重庆抗战时期餐饮业达到鼎盛，固然有全国各地名菜和大师云集的缘故，但是重庆本埠同行的厨艺天赋和兼收并蓄的态度，也发挥着至关重要的作用。

那段历史岁月中的厨艺大师，不论功成名就还是潜心深造，大都具有一个相同品质，即天赋之外，后天勤奋努力，对厨艺像生命一样热爱，在烹饪道路上百折不挠，追求卓越，创造经典，用自己的行为诠释着崇高的工匠精神。也正因如

渝菜烹饪大师徐德章代表菜品：四喜吉庆

此，他们的功夫炉火纯青，绝活不断。

20世纪二三十年代的重庆江津，是文化大县，还是著名酒乡。据江津《白沙镇志》载：清朝初年，白沙酿酒业兴起，当其盛时有槽房300余家。白沙烧酒驰名全国，槽房多建在镇西驴溪河畔，形成一里长的槽房街。这是史上最牛的独一无二的"槽房一条街"，现在这里仍叫原名。江津烧酒民间又称"老白干"，有民谣说：江津豆腐游溪粑，要吃烧酒中白沙。到民国初年，白沙槽房仍有230多家，每日产酒4万～6万斤，年产达1000万斤以上，远销全国各地。酿酒取水的驴溪清澈见底，含矿物质极微，以此水酿酒，品质极佳。

1924年，徐德章就出生在江津白沙镇。因为酿酒业发达，南来北往的生意人络绎不绝，依山傍水的白沙镇颇为繁荣，街道两旁茶馆无数。时年八九岁的徐德章，为求生计，便常年端着一个盛着瓜子的簸箕，穿梭在这些茶馆中零卖。

重庆人饮茶，不仅仅是品茗解渴，还借此散心、休闲。旧时茶馆里的客人，习惯边喝茶边嗑瓜子，徐德章利用这一习惯，零卖瓜子，每日收入倒也能勉强填饱肚子。"三百六十行，行行出状元。"此话不假。徐德章零卖瓜子，虽是不起眼的小生意，他却极为用心，还练就了一手绝活。

徐德章所卖瓜子，有用纸包装成一小袋的，也有未装成袋的，都是为了方便客人，随行就市，灵活机动。有些客人爱买袋装瓜子，有些客人偏爱零售，30颗50颗不等。茶馆生意兴隆时，如买零散瓜子的客人多了，一颗一颗地数，既耽搁时间又影响生意。怎么办？徐德章心想，非勤学苦练，需要时能一把抓出客人报出的瓜子数量不可。

白沙镇茶馆 （摄于1939年）

旧时茶馆的经营者多为袍哥大爷，茶馆除经营日常业务外，还是自家弟兄伙及帮派集中议事的场所。另外茶馆兼卖佐茶点心小吃，如瓜子、花生、胡豆、黄豆、豌豆等。图为江津白沙镇茶馆人们喝茶、棋牌娱乐的场景。

2.一把抓 50 颗瓜子，不多也不少

这件事说起来简单做起来难，但徐德章偏偏就不是一个知难而退的人。当时他虽然年幼，还只是一个八九岁的孩子，但与茶馆里的三教九流打交道多了，增长了不少见识，而且大脑灵活，加上因做瓜子生意，对瓜子的特性也有大致了解，练就绝活的机率大大增加。

他利用空闲时间，根据瓜子的长短和厚薄以及放在手掌上时握拳的深度和高度，终于能随心所欲地把握瓜子的数量了。他第一次展示绝活那天，正好遇上乡镇赶场，白沙镇上熙熙攘攘，人流如织，茶馆更是座无虚席，人声鼎沸。

徐德章像往常一样走进茶馆，喧嚣之中突听有人大喊一声，"卖瓜子的，这桌来 50 颗"。徐德章闻讯，蹑足过去，心头怦怦直跳，虽然私底下"一把抓"的绝活，早就练得炉火纯青，但是第一次在大庭广众之中"炫技"，能否成功，还是没有把握。

管他呢，客人又不知道我练就了绝活，即使"一把抓"不准，不过与往常无异，又不会有人笑话我，紧张什么？如此一想，徐德章整个人就放松了，收了钱，随手就抓了一把瓜子放在客人桌上，嘴上说："大爷，你数数，50 颗瓜子少没得？"客人漫不经心地数了数，有些惊讶地抬头，望了徐德章一眼："小崽儿，你是碰巧还是练过？ 50 颗不多不少。"

徐德章高兴了，却一脸平静地说："没啥子，熟能生巧罢了。"客人兴趣来了："再给我来 30 颗。"徐德章不紧不慢，又随手抓了一把瓜子放在桌上，客人再次点数时，旁边的茶客也好奇起来，一起凑近查看，不多不少正好 30 颗。

商业繁荣的白沙镇（摄于 1938 年）
图为民国时期小镇上的热闹场景。

这时茶馆像炸了锅一般，一下热闹起来，所有人的注意力，全都集中到了徐德章身上。有人不相信似的说："小崽儿，给我来50颗。"这边话音刚落，那边又喊了起来："小崽儿，给我来60颗。"此起彼伏声中，徐德章东一把西一把，把茶客需要的瓜子全放到了桌上，大家一数，与所报瓜子数量分毫不差。徐德章成名了，有关他"一把抓"的神奇故事，在白沙镇不胫而走。

3. 因为一手绝活，饭店收其为徒

尽管只是售卖瓜子，徐德章却并没因此敷衍了事，而是倾注心血，把平凡的工作做到了极致，为他成为重庆名厨奠定基础的同时，也让他的命运发生了转折。

徐德章因为"一把抓"，成为白沙镇"名人"。不知不觉间，他已成长到了12岁，就是这一年，他从厨生涯中的第一位老师出现在了身边。白沙镇因为酿酒业发达，南来北往的生意人不断，异常繁荣。街上商铺林立，餐饮业兴旺，其中有一家随园饭店，是街上数一数二的大餐馆。

这家饭店主要经营河水豆花和家常小炒，当然，创始于清末的江津肉片，这家店也将其当作招牌菜主推。随园饭店有一位名叫刘长号的厨师，他与同时代的同行一样，都有泡茶馆嗑瓜子的习惯。多年前，徐德章因为"一把抓"的绝技，"大闹"茶馆的时候，他也在场，只是不像其他茶客那样大呼小叫罢了。

当时，刘长号静坐角落，不动声色地观察着徐德章的一举一动。在不长的时间里，他见徐德章虽风头大出，却不得意忘形，足见这个娃儿老成，是可塑之材，便产生了收他为徒的想法。

几年过后，随着随园饭店的兴起，刘长号已是这家饭店的当家大厨，他对当年有意收徐德章为徒的打算，更加坚定。有一天，他到茶馆找到依然在此卖瓜子的徐德章，把收他为徒的想法告诉了他。徐德章虽然吃惊，但随园饭店在当地大名鼎鼎，又因与刘长号还沾有远房亲戚关系，如能到随园饭店学厨，便有了稳定的安身立命之所，自然欣喜若狂，满口答应。

徐德章就这样走上了厨艺道路，因为"手巧"而刀功一流，并成为其烹饪事业中的一大亮点。

4. 张国栋：冷菜体系的"开山鼻祖"

经历过民国时期的重庆名厨，有一个人较为与众不同，虽然他学的是红案，但在早期更多的是在西餐厅事厨，不仅以冷菜见长，更把冷菜烹饪发挥到一个境界，并形成川式冷菜烹饪技艺体系，从而使冷菜烹饪成为一个独树一帜的专业，让渝派川菜真正得以百花齐放，春色满园。

张国栋，出生于1921年，重庆市人。13岁时，到重庆沙利文食品公司当学徒，开始了他不平凡的厨艺之路。继沙利文食品公司之后，他先后在重庆四如春餐馆、上海社中西餐厅、礼泰中西餐厅、中韩文化协会餐厅、状元楼中餐馆等处事厨。

这段经历都发生在1950年之前。从中可以看出，张国栋事厨的单位大都是中西合璧的餐厅。也由此可以得出结论，张国栋既熟悉中式烹饪，也对西式餐饮了解甚深。

中式餐厅的定位和经营方式，大家都略知一二，但对西式餐厅的相关情况，似乎都较为陌生。西式餐厅主要特点是主料突出，形色美观，口味鲜美，营养丰富。但有一个特点一般人不知，其实西餐厅没有贵贱之分，不仅提供味觉感受，还要通过氛围营造和高质量的服务，给予食客精神享受。

所以西式餐厅，比较注重环境装饰，大都显得典雅精致，而且通常会有乐队伴餐，演奏一些柔和的乐曲，让人仿佛置身音乐殿堂，不舍离去。在如此美妙典雅的环境中，菜式自然也很讲究。

张国栋事厨早期，当时重庆的餐厅只卖卤菜，基本上没有冷菜，他便通过研发创新，在卤菜基础上，把冷菜当作一个独立的菜式，不仅让所在餐厅菜品更加丰富，食客多了一种选

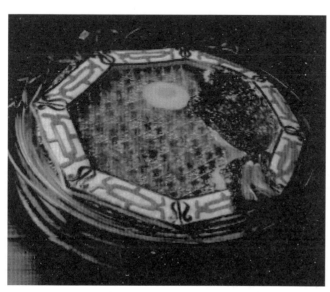

渝菜烹饪大师张国栋代表菜品：推纱望月

择，也因这"革命之举"，张国栋被业界尊称为重庆冷菜烹饪技艺体系的"开山鼻祖"。

5.吴海云：小煎小炒的烹制高手

其实，在重庆餐饮行业，像徐德章一样刀功卓绝的烹饪大师不乏其人，与他同属一个时代的吴海云，同样刀功不俗。

吴海云，重庆巴县人，1921年出生。15岁时到重庆成渝饭店当学徒，师从名厨罗兴武。有意思的是，罗兴武也是重庆巴县人，两人能够成为师徒，与这层"老乡"关系有无渊源，外界不得而知。但是不管师傅还是徒弟，其在不同时期，都是重庆烹饪界举足轻重的人物，却是不争的事实。

罗兴武早年曾学艺于成都名餐馆醉翁意，后在重庆成渝饭店、蜜香餐馆掌厨。他技术全面，擅长红案墩、炉。众所周知，墩、炉是红案重要工种之一，其工作的好坏，直接关系到菜肴的质量。罗兴武能在这方面有所建树，并成为一代名厨，还在1985年出版的《川菜烹饪事典》中被列为"近代名师"，可见其在餐饮行业中，颇有地位和影响。

吴海云在学厨生涯的早期，打下了扎实的基本功，精通烹饪制作技术，长于小煎小炒，对筵席大菜的制作也得心应手。

《川菜烹饪事典》书封

小煎小炒虽为川菜最常用的一种烹制方法，不仅用于餐馆，而且广泛用于家庭，但是"冰冻三尺，非一日之寒"，看似简单的烹制技术，却须烹饪者内力深厚，深得川菜烹饪精髓，又有扎实的基本功，才能让小煎小炒达到一个高度。

小煎小炒是保持原料营养成分的一种较好的烹制法，为了达到这样的效果，必须把握几个关键点。首先是不过油、不换锅；其次讲究临时兑汁；最后是急火短炒，使其肉质在快速烹饪之时，迅速脱水而外酥内嫩，再辅以辛香的家常调味料，一锅成菜。

以小煎小炒著称的吴海云，刀功也堪称一流。

拉刀

要想成为一个顶级大厨，至少要掌握四大要素，即用料、用火、用味和用刀。用料方面，必须对原料的性能和食用的最佳部分有所了解；用火方面，必须掌握火力的大小、油温的高低、加热时间的长短；用味方面，必须按照不同风味的菜肴要求，准确无误地调制好各种味型；用刀方面，必须熟悉和掌握各种刀法，根据菜品的要求将原料处理成符合规格的形状。

吴海云用刀，与众不同，他擅长拖刀，又称"拉刀"，指运刀方向由前上方向后下方拖拉的切法。适用于体积小，细嫩而有韧性的原料，如鸡脯肉、瘦肉。拖切时，进刀轻轻向前推，再顺势向后下方一拉到底，即所谓"虚推实拉"，便于原料断纤成形。

6. 陈青云：独门秘籍烹制牛肉汤

陈青云，1915 年出生，重庆合川人。以其独门秘籍烹制的牛肉汤，在灿如星河的重庆名厨中占据着一个重要位置，他烹制的牛肉汤堪称一绝，名流明星赞不绝口，普通市民津津乐道，创造了一个时代的奇迹。

陈青云出身于农村，共有三兄弟，他排行老大，属于吃苦耐劳又有责任心的那类人。平时话不多，做事认真，执着有韧劲。他最初并未有事厨的打算，而是跟着当石匠的父亲，挥锤凿石，生活简单而清贫。

天有不测风云。陈青云 12 岁的时候，父亲得了一场重病，不久就去世了，剩下他和两个弟弟，叫天天不应，叫地地不灵。眼看这家人陷入绝境，一位隔房叔父挺身而出，把陈青云从乡下带到重庆，谋求生存之道。

现在从合川乘汽车走高速公路，也要一个多小时，当时陈青云跟着叔父凭借两条腿，走了一天多时间，才到了重庆。在叔父张罗下，他先到重庆川北羊肉馆当学徒，拜顺庆人何发峰为师，学羊肉菜肴制作技术，后到重庆顺庆羊肉馆等处帮工。主要工作是敲楠炭、洗碗、打扫卫生等，后老板见这娃儿踏实、勤恳，便开始传授技艺，陈青云逐渐有了用武之地。

陈青云真正崭露头角，是到粤香村工作后。他钻研技术一丝不苟，为了掌握牛肉炖制的火候，常守候炉旁，通宵达旦，使炖制

清炖牛尾汤
Stewed Ox-Tail Soup

渝菜烹饪大师陈青云代表菜品：清炖牛尾汤

牛肉的技艺达到炉火纯青的境地。以前炖牛肉，采用的是传统烹制法，即把牛肉弄一大锅，小火慢熬，其实是懒人的炖法。炖好上桌，舀碗汤，再加一碟佐料，便可食用。这样的牛肉汤，在烹制过程中容易浑汤，还带有牛的骚味，食之毫无清香味道。

陈青云觉得这样的牛肉汤，既不美味又不营养，便开始琢磨，如何将牛肉汤做得更为正宗和地道。

7. 工匠精神无处不在

陈青云研制创新牛肉汤的过程，完全是工匠精神的具体体现：精雕细琢，精益求精，享受着产品在双手中升华的喜悦。

他在选料时，根据牛肉的部位，分配精细，该炖的、该烧的、该熘炒的，"分门别类"。陈青云认为，如不分配合理，既浪费原材料，又浪费主料。陈青云炖的牛肉，比如肋胀，必须拿到水桶里浸泡，时间五六小时，辅以细水冲泡。以此

去除血水，分解肉质，使肉松散。这样一来，炖牛肉汤的时候，牛肉的粗纤维和香味便能突显出来。

牛肉一经泡好，马上下锅，同时辅以姜、料酒和花椒，姜、料酒和花椒不能乱放，是有比例的。炖制时，陈青云也不休息，他一边与人喝茶、吹龙门阵，一边要不停地打泡子。那时没有燃气灶能调节火的大小，烧的都是楠炭，该背火时要背，需要大点的火时，就捅一下楠炭，让火势旺一点儿。因此，必须守在炉子旁，随时观察火候，非常辛苦和劳累。

如此这般，七八个小时后，哪一桶先熟，哪一桶后熟，他心里都有数，不像现在"一锅端、一锅熟"。然后牛肉起锅，该改刀的改刀，而且不"快刀斩乱麻"，小心翼翼地，根据牛肉的部位，采用顺筋、横筋切的办法，让牛肉嚼起顺口，又外形美观。

"清汤形如水，美味传佳肴。"一位名叫车辐的作家，品味了陈青云所做牛肉汤后，如此生动形象地描述道。

8. 刘应祥：烹饪行业的"百科全书"

这是一个在业界被称为"儒厨"的人，博古通今，知识面广，而且知无不言，言无不尽，是重庆名厨中一个特立独行的人物。

刘应祥，重庆市人，出生于1915年。由于父亲去世早，全家靠母亲帮人打工维持生计。14岁时，为了改变家庭状况，刘应祥从北碚同心乡来到重庆左营街蜜香餐馆学艺，拜师罗兴武。罗兴武是那个时代的名厨，在餐饮行业颇有影响，技术全面，擅长红案墩、炉，授徒传艺似乎也有一套。除了刘应祥外，前面介绍过的吴海云也是他的徒弟，均技术出众，卓有贡献，在重庆厨界占有一席之地。

从学艺时间来看，刘应祥应为师兄，吴海云为师弟。刘应祥后经廖青廷介绍到小棵子成都味食店做白案，又经代瑞廷介绍在心心食店做点心，1939年又经代瑞廷介绍在大棵子成都饭店做红案。其间，曾与孔道生、郑遂良等人在北碚同心乡合伙办过嚼雪食店。

20世纪40年代初，刘应祥进入聚兴诚银行操办员工伙食。刘应祥本领过硬，红案、白案、冷菜均能胜任，尤长于筵席大菜制作。

刘应祥虽然经历坎坷，却非常乐观开朗，善于与人沟通，谈吐自如，不卑不六。因为这一"阳光"特质，他接触面广，练就了博闻强记的本领，给人学识渊博的印象。除了厨界逸闻趣事和烹饪起源及在各个历史时期的作用外，他对时事也有所了解。

工作闲暇之余，刘应祥会结合当时军阀混战背景，与同行摆龙门阵，谈起末代皇帝溥仪是怎么退位的；北伐战争的始末；直奉战争是怎么打起来的，又是怎么收场的；等等。让同行听得津津有味，觉得刘应祥人不大，但懂得真多。

当然，对于同行关于烹饪技术方面的问题，刘应祥更是尽其所能，有问必答，直到让对方满意为止。刘应祥健谈，人们在他那里，听得到见闻，学得到知识，对他充满了好感甚至敬意。

味澜世纪·上卷

重庆饮食

第二部分·练就绝活，奠定厨界地位

（1937—1950）

民国时期，特别是抗战爆发后，重庆厨界大师兼收并蓄、海纳百川，广泛吸收各地名菜之精华，博采各大菜系之所长，让重庆美食百花齐放的同时，也成长为名震厨界的行业翘楚。

第八章 廖青廷：重庆厨界唯一的"七匹半围腰"

1. 首创奇迹，三年学成艺满

正当重庆名厨们埋头学艺或者大施拳脚时，中华民族历史上一个重要的时刻即将到来。

1937年"卢沟桥"事变和上海"八一三"事变爆发；8月14日，国民政府发表自卫抗战声明书；11月20日，国民政府发布《国民政府移驻重庆宣言》，决定把重庆设为战时首都，重庆一跃成为中国抗战的大后方。

虽然是多事之秋，生活却要继续，餐饮业同样如此。而且，重庆餐饮业更是借助"陪都"地利之便，出人意料地迎来了一个鼎盛时期。

旧时学厨，一般情况下，是学三年帮三年，如果岁数小，这个时间段还要长一些，必须长大了，个子也高了，才能上灶台。廖青廷却创造了一个奇迹，仅用了三年时间，便学成艺满，而且手艺娴熟，技术全面，青出于蓝而胜于蓝。

三年学厨期满，徒弟还要再"帮"师傅三年，就当支付学费，这三年更是实际操练手艺提升技术的重要阶段。这是那个年代，厨师行业不成文的"潜规则"。如果徒弟不听话，以为翅膀硬了，坚持要去其他餐馆打工，不顾师徒情分或者行业规矩，师傅便会不认这个徒弟。同行闻之，便按"规矩"办事，视这个徒弟没有出师，概不接纳，让这个徒弟上天无路，入地无门。徒弟要么负荆请罪，请求师傅宽恕，重新收归门下，以图将来有一条生路；要么远走他乡，不再回来，另找一条出路。

艺成之后，徒弟懂事，心甘情愿再"帮"师傅三年，其实就是为前三年学成手艺"买单"。所谓"帮"，不仅上灶做菜，更多的是打杂，甚至比打杂还不如。在这期间，工作和生活是不分彼此的，也没有上下班区别，既要上灶做菜，还要给师傅添茶倒水，购买日常家用，包括打扫店堂和家庭环境卫生。

每到饭点，师傅师母用餐时，徒弟则规规矩矩侍候一旁，端菜添饭，收拾碗筷，还不忘递上一支牙签，以及把沾了热水的毛巾，交给师傅师母洗脸擦手等。如果师傅师母有小孩，还要照看孩子，逗其玩耍，清洗衣服。做这些杂事时，如果用心不诚，态度不纯，应付了事，轻则挨骂受罚，重则收拾铺盖卷走人。

学三年帮三年，前后共六年，这是旧时学厨的"硬性规定"。但是廖青廷却仅用了一半的时间，就完成了其他学徒六年的工作。由此可见，廖青廷不仅厨艺高超，待人至诚，还深得师傅杜小恬器重，以至他一经学成，便独当一面，走了一条捷径。

这是有关廖青廷的传奇之一，但这仅仅是一个开始，好戏和精彩故事，还将在他厨艺生涯中接二连三地上演。

2. 垫起凳子上灶做菜

廖青廷在上炉子前，已经精通厨房中的各类工作。毕竟他从杂务做起，熟悉水案、笼锅，还做过墩子，而且基本功扎实，又勤学苦练，所以师傅杜小恬教他厨艺时倾注了心血。

廖青廷上灶做菜时，不过十六七岁，身体尚处于成长阶段，个子比较矮小，必须搭起板凳做菜。但他头脑灵活，悟性高，有"小聪明"之称，虽有身高不足之便，却并不影响他从师傅那里吸收厨艺精华。更有意思的是，廖青廷站在板凳上弄菜的情形，不知何故被传了出去，引起了不少人的好奇。先有到"适中楼"吃饭的食客，禁不住寻找各种借口，去厨房偷偷打量那个垫着凳子烧菜的"奇人"，并在喝酒吃菜时眉飞色舞地渲染一番；后有同道中人闻讯而来，借故交流切磋厨艺，大大方方地在杜小恬带领下，看廖青廷搭起板凳做菜。莫名惊诧之余，忍不住四处传播，一时让廖青廷名声大震，最终演绎成一段佳话，在偌大的重庆城广为流传。

搭起板凳做菜，其实不便之处众多，学厨的难度也比旁人更大。身高腿长的厨师，可以随意移动，加汤用水也方便，但是站在板凳上就不一样了，不仅要全神贯注烹制菜肴，弯腰观察火候，还要随时注意不要用力过猛，以免板凳不稳，把人摔个四仰八叉。时间一长，还容易腰酸背痛，而身体又没有依靠，辛苦劳累可以想象。

似乎这一切困难，对廖青廷来说都不是问题，他轻松自如，乐在其中，从没因此出过差错，反倒是手艺越练越精，水平越来越高。上炉子做菜，其实也并非想上就上。旧时厨界规矩多，师傅觉得你基本功有了，但不知弄菜有没有天赋，便在吃饭时，叫你弄两个菜，如果觉得满意，而且经过多次考验后，都还觉得不错，你就有资格分享客人给的小费，还有资格上炉子做菜。

廖青廷就是这样一步一步走向灶台，最终开始烹制美食，并修成正果的。

3. 博采众长，方能卓尔不群

廖青廷的厨艺，不仅出自师傅杜小恬，还兼收并蓄，博采众长，最后自成一派，卓尔不群。

"适中楼"作为当时的一家高档大餐馆，厨师不少，虽然做的都是川菜，却因来自不同门派，菜式和风格皆不一样。当时除了重庆帮外，还有内江帮和宜宾帮，"适中楼"的厨师都是这些门派中的顶级大厨，每个人都有一两个拿手绝活。不管哪门哪派，都遵循川菜宗旨。既讲究口味又讲究口感，酸辣苦麻甜，嫩脆酥香软，该脆嫩的脆嫩，该软嫩的软嫩，色香味俱全，还要不失其形，让人意犹未尽，回味无穷。

廖青廷混迹于这些高手之中，从不因为师傅杜小恬对他另眼相看，而自以为是、目中无人，倒是与大家相处愉快，亲如家人。而且在菜式烹制上，不管哪门哪派，他都不排斥，采取兼收并蓄、海纳百川的办法，该吸收的吸收，该改良的改良，让自己的厨艺突飞猛进，逐日提高。

廖青廷还跟招待（堂倌）关系很好，有空便在一起喝茶聊天。堂倌是直接与客人打交道的一线人员，顾客对菜品的评价，只有堂倌清楚。如果关系密切，堂倌便会把掌握的信息及时反映给厨师，让厨师心中有数。如果客人对某一道菜印象不好，厨师也知道问题出在了哪里，下次再做这道菜时，便会重新调配或者改进，不仅消除了顾客的不满，也让顾客对餐馆有了好印象。

假若厨师与堂倌关系欠佳，厨师无法及时了解顾客的反馈意见，造成顾客误解，一怒之下，做出什么出格举动，不仅让餐馆形象受损，厨师也免不了遭受处罚，从此前途蒙上阴影。

更为重要的是，厨师与堂倌关系融洽，还能掌握客人喜好，对客人的口味一清二楚，便可"量身定做"，投其所好。如此一来，皆大欢喜，厨师烹制技法更加灵活和丰富，客人吃得开心，餐馆也稳定了客户，增加了收益。

廖青廷的厨艺水平能够日益提高，最终成为一代名厨，与他重视顾客感受，不时从堂倌那里了解顾客口味不无关系。由此可见，要想成为厨界顶级人物，并非常人想象中那么简单。

4. 不但食客，连同行不服都不行

旧时餐馆，菜品都写在一块木片上，讲究一点的餐馆，还用竹筒做菜单，用毛笔字书写，或红或黑，三指宽四五寸长，悬挂在大厅前台背后的墙上。

客人进得店堂，先是仰头浏览菜单，再根据喜好点菜。如果是老主顾，对餐馆菜品大致了解，便省去"观菜"程序，直接向堂倌报菜。"李大爷，猪头肉二两、清炒白菜一份。"堂倌一声吆喝，声如洪钟，满屋清晰可闻。这是常见的影视剧中的程式，也是旧时餐馆待客的真实写照。

当然也有例外，那就是客人不按规矩出牌，直接告诉堂倌，"今天给我做一个红烧鱼、一个干煸鳝段，不要别的厨师，就叫那个人称'小聪明'的搭板凳的崽儿做"。事实上也是如此，自廖青廷站在板凳上做菜的故事，传遍行业内外后，点名找他做菜的客人与日俱增，而他富于变化的烹饪方式，也让顾客食之称赞，广受好评。

餐馆推出的菜品，少则几十，多则上百，非一个厨师能做，便分配给不同的厨师，你负责这几道菜，他负责那几道菜，客人点到哪道菜，负责这道菜的厨师便上灶去做。但是客人却不知道这些规定，有时点名要廖青廷做菜，而这些菜又是由别的厨师负责的，不在他负责烹制的菜品范围内，怎么办？把客人当上帝，

菜单

图为民国时期餐馆供客人点菜的菜单。

由来已久，旧时餐馆同样如此。于是在师傅干预下，以餐馆大局计，便叫廖青廷越俎代庖，满足客人要求。

俗话说，"文人相轻，同行相嫉"。廖青廷做了本应别人做的菜，对方自然不高兴，羡慕嫉妒恨之余，暗自希望廖青廷出丑，把这道菜弄糟。廖青廷何等人也，怎么可能轻易成为别人的笑柄？他发挥博采众长的厨艺特点，大胆对这道菜进行改良和创新。当这道菜上桌，不但顾客大声叫好，连对手也无话可说，甚至暗生佩服之心。

廖青廷就这样，不但征服了顾客，还让同行不得不服，最后尊敬有加。

5."七匹半围腰"实至名归

厨界有几大工种不可或缺，分别是炉子、墩子、冷菜、笼锅、汤锅、烧烤和属于白案的点心。如果再加上水案，不仅工种众多，纷繁庞杂，而且各有特色，重要性更是不言而喻。

对一般人而言，选择其中的一个工种并将其当作一辈子的事业，深挖细掘，做精做深，都不一定能够成为行业大师。假如一个人不但全部熟悉这些工种，而且每一个工种都卓有建树，因此成了行业典范，那么这个人绝对是天才。

廖青廷就是这样一个人，他获得了重庆市餐饮界唯一的"七匹半围腰"称号，前不见古人，后不见来者，其厨艺的全面和精湛，令人叹为观止、肃然起敬。

何为"七匹半围腰"？七匹半围腰又称"七角半活路"，旧时饭馆中所有工种的总称。当时分配小费，则按工种的技术高低和作用大小确定，如"一匹围腰"（一角活路），可分得一份"小费"，"半匹围腰"（半角活路）只能分得半份"小费"。"一匹"是指技术性较强的工种，"半匹"则指技术性不强的辅助工种。

有称招待、炉子、墩子、冷菜、笼锅、白案（或饭锅）、水案和杂务（半匹）为"七匹半"的；有称招待、炉子、墩子、冷菜、笼锅、饭锅（各为一匹），汤锅、水案、杂务（各为半匹）为"七匹半"的；有称墩子、炉子、烧烤、笼锅、冷碟、大案、小案各为一匹，水案为半匹的。不管哪一种类型，"七匹半围腰"均表示具有多种技能，是厨界的佼佼者。

廖青廷的"七匹半围腰"，到底代表哪几类工种，其传人丁应杰，重庆1978年特级厨师获得者李跃华和著名烹饪教育家吴万里之子、重庆百龄老友谊餐饮公司董事长吴强，均认为应是"炉子、墩子、冷菜、笼锅、汤锅、烧烤、点心（各为一匹），再加水案（半匹）"。

6. 创办小洞天饭店

虽然廖青廷成名较早，又是重庆厨界唯一的"七匹半围腰"，但他为人仗义，性格豪爽，深得同道中人好感。

20 世纪 20 年代的重庆，民风淳朴，江湖义气流行，餐饮人也不例外，还多了一些不成文的"规矩"。有在餐饮行业暂时丢了工作，又生活困难的同行，到馆子就餐，大家大都会出手相助。廖青廷就不止一次做过这类好事。

每有此类同行到店，廖青廷见了，什么话也不说，点头示意一下，立马安排好酒好菜，保管让落难同行吃好喝好。走时，还会赠送一定盘缠。

不过，这个盘缠送与收的双方，都很讲究。廖青廷在大庭广众之中施舍，受惠的人面子挂不住，打发叫花子吗？传出去名声也不好。不接，目前处境困难，生活难以为继。于是，心照不宣之中，别开生面的一幕出现了。只见廖青廷带着落难同行走向柜台，老板一见，心领神会，马上把装钱的抽屉打开，在柜台上放一个铜钱，银元立在上面。廖青廷一拍桌子，铜钱掉进了抽屉，银元飞向空中，廖青廷一把抓在手中，交给落难同行，对方说一声"谢了"或"后会有期"之类的话，便转身离去。

面对这样一个德才并举的徒弟，师傅杜小恬自然不愿耽搁其前程。当廖青廷学成艺满，决定另起炉灶，开一家名叫"小洞天"的饭店时，杜小恬听闻，虽然依依不舍，但还是爽快地答应了。

从此重庆餐饮历史上，又多了一家著名的"老字号"。

小洞天酒楼

7. "哈儿师长"海参宴，让他名扬山城

20世纪30年代初的重庆，有一个大名鼎鼎的人物，即后来电视剧《哈儿师长》的原型范绍增。他绿林出身，性格粗豪怪诞，在军阀时期长期担任川军师长、军长。因为小时候生就一副憨相，逗人喜爱，人称"范哈儿"。

"范哈儿"好吃，哪怕在行军打仗中也不忘美食。"范哈儿"长期驻扎在川东一带，还花费一二十万银元，在今天的上清寺附近，修建了约占半条街的范庄。

作为一个资深"吃货"，"范哈儿"对廖青廷略有耳闻。他有次突发奇想，决定办50桌海参宴，点名要廖青廷主厨。海参宴通常以海参类菜肴为头菜，再配以冷菜、热菜和点心。

廖青廷为海参宴准备的冷菜为凤戏牡丹、椒油鳝片、姜汁鹅掌、琥珀桃仁、五香鱼条、油淋鸭子、鲜制香肠、青椒火腿丝、鲜卤牛肉、炝黄瓜卷；热菜有家常海参、豆沙鸭脯、金鱼闹莲、香酥仔鸡、锅巴虾仁、鸡豆花；小吃为冰汁杏淖、玻璃烧卖、蛋烘糕、冰糖银耳、香醪鸽蛋。

范绍增审阅菜单后，极为满意，大声说："好好好，不错，就照这个整。"稍后，他突然想起什么似的说道："廖青廷不是擅长烧烤吗？就叫他做一个拿手菜吧。"于是，廖青廷又在海参宴中加了一个烧烤。这道菜名叫"一品酥方"，

渝菜烹饪泰斗廖青廷代表冷菜：琥珀桃仁

是由烧烤中难度较大的"烧方"技术烹制而成，是一道热菜。该菜烹制时，选用猪肉中宝肋部分，切割得方方正正，再用开水把肉煮得恰到好处，然后用刀削去外表粗皮，但内里还保留着一层纸张厚的薄皮，包住肥肉，上叉用钢炭火烘烤。烧方成熟时，那层纸张厚薄的皮膨胀到 5 厘米。原本是肥肉，但食之毫无油腻之感，满口酥香，无渣自动滚滑下喉。

"烧方"的出现，无疑让海参宴锦上添花，增色不少。而"哈儿师长"范绍增，也因此大为高兴，对海参宴赞不绝口。一同赴宴的重庆军政要员、社会名流和范绍增的属下们，同样给予了极高评价。在他们口中，海参宴精妙绝伦，厨师技艺高超，食之欲罢不能，意犹未尽，没吃时想吃，吃了后还想吃，美食佳宴，难得一求。于是一传十，十传百，把廖青廷吹成神人一般，从此声名鹊起，名扬山城，成为重庆厨界无可争议的一个标志性人物。

之后廖青廷成为各大酒楼、饭店和餐馆争相邀请的"金牌"名厨。他除担任小洞天"掌墨师"外，还兼任陪都饭店、凯歌归餐馆、瞰江宾馆、国泰饭店、合国饭店等大餐馆的"掌墨师"。1948 年，他又被重金聘请到台北和台南等地餐馆工作，虽然临近重庆解放他又回到了家乡，但就是因为这段经历，让他在解放后成为一个"有历史问题的人"，从而郁郁不得志，72 岁时便去世了。

第九章 周海秋：异乡人的风华岁月

1. 离开"荣乐园"，开始新生活

对于重庆来说，出身于四川新都县的周海秋，无疑是一个异乡人。所谓"树挪死，人挪活"，周海秋以他的切身经历，印证着这句话的内涵和正确性。

从1922年到1936年，周海秋在成都"荣乐园"整整干了14年。当年他刚到"荣乐园"时，还是一个15岁的孩子，如今已经29岁了。俗话说，三十而立，周海秋似乎也觉得是时候重新规划人生，开启一段新生活了。

周海秋的师傅蓝光鉴为人宽怀大度，对出类拔萃的艺徒并不强留身边，遇有机会就会支持他们展翅高飞，哪怕是自立门户。1936年5月，周海秋经蓝光鉴同意后，离开工作了14年的"荣乐园"。虽然有些不舍，但好男儿志在四方，为了闯出一片新天地，周海秋还是一步三回头地告别了师傅和"荣乐园"。

从当时首屈一指的著名餐馆"荣乐园"出来的周海秋，见多识广、技术过硬，自然成了"抢手货"，不少餐馆都以高薪相邀，诚心请他加盟。周海秋经过权衡，选择了成都"馔芬"餐馆事厨，后又到"海乐园"餐厅主理厨政。

1936年到1937年上半年的四川，经过军阀连年混战后，社会动荡，又遇久旱不雨，致使灾情蔓延，百业凋敝。成都饮食业受此影响，难以为继，纷纷倒闭。在这样的时代大背景下，周海秋也失业了。他没有消沉，坚信不管天灾还是人祸，终有结束的一天。待社会秩序恢复正常，生活重新步入正轨后，民以食为天，自己多年的厨艺经历必将派上用场。如此一想，周海秋的心也宽了，正好利用难得的休息时间，总结一下厨艺心得，审视一下烹饪技术，须改进的改进，须完善的完善，等待着机会来临的那一天。

2. 待遇丰厚的刘湘家厨

机会总是留给有准备的人。周海秋一身本事，不愁没有出路。事实也是如此，很快，他便被四川的一些达官显贵看上了，并纷纷请他上门事厨。

成都惠通银行经理曾志雄，最先聘请周海秋，态度异常诚恳，让周海秋无法拒绝。周海秋在"荣乐园"时，曾受师傅蓝光鉴委派，作为领班，多次出入一些达官贵人、士绅富豪的私邸寓所，操办重要筵席。因此对事厨家宴，颇有经验和心得，也熟悉那些达官贵人的性格秉性，工作起来没有一点儿障碍，还得心应手，如鱼得水。

时间不长，周海秋的名声逐渐传开，又有驻扎在金堂县的一位黄姓川军旅长聘请周海秋。曾志雄自然不愿放周海秋走，但他毕竟只是一个开银行的，有钱没权更没有军权，哪敢跟手握枪把子的"丘八"较劲。虽然心头不服，也只好让周海秋另谋他就。

黄姓旅长请得周海秋事厨，颇为得意，便大开筵席，邀请同道聚餐。一是联络感情，彼此照应；二是借此炫耀，家有川中名厨掌勺，让大家见识一下他的手艺。没有想到弄巧成拙，就在这次筵席上，黄姓旅长的上司，驻扎在峨眉县的唐师长，吃了周海秋主厨的筵席，大为惊讶：军中竟有如此手艺精妙的大厨，何不为我所用？

上司中意周海秋，又想聘为己用，黄姓旅长哪敢阻拦，自然满口答应。在筵席结束后，派人恭恭敬敬地把周海秋送到了唐师长府上。唐师长聘请周海秋后，生活大为改善，对周海秋的厨艺赞不绝口，有次他在设宴款待四川省主席刘湘时，后者也对周海秋另眼相看，便重金聘请周海秋为家厨，月薪六七十块大洋。

周海秋就这样凭借高超的厨艺，不断水涨船高，不但度过了困难时期，还让厨艺大放异彩。

3. 命运转折从重庆开始

虽然身为刘湘家厨，生活稳定，衣食无忧，对于一个有着志向和抱负的人来说，却有一些心有不甘。在刘湘公馆，就像一只笼中鸟儿，纵有山鹰一般的胸怀，也无法在蓝天白云下飞翔。只能在有限的空间内，得过且过，时不时叹一口气，想象着大千世界的精彩和舒展。

周海秋决定结束这样的生活，放弃让众多同行羡慕和向往的这份工作，去更为广阔的社会平台，施展自己的厨艺，为更多的人服务。机会也在这时悄然无声地来临了。

此时抗日战争全面爆发，重庆成为国民党政府的"陪都"。一时间，这个地处中国西部腹地的城市，冠盖如云，名流汇集，各国使节均聚集于此。创建于1933年的重庆白玫瑰餐馆，面对极度膨胀的城市人口，也迎来了历史发展的崭新阶段。

餐馆的生命在于菜品，菜品的好坏在于主厨，"白玫瑰"作为重庆资深餐饮企业，对此了然于胸。经理辛之奭，更不是一个思维局狭的人，他要请就请最好的主厨，而本土有名的几个厨界大腕，都在其他餐馆干得风生水起，挖人不容易，还会坏了行规，怎么办？干脆眼光放更长远一些，考虑考虑成都方面的能人。既然都做川菜，同宗同源，请来就可以用。

辛之奭通过多方打听，对朋友推荐的周海秋兴趣浓厚，便以月薪30块大洋为条件，盛情邀请周海秋加盟。周海秋也有结束家厨生活，到更为广阔的天地，为更多人服务的打算。于是双方一拍即合，周海秋便从成都来到了重庆，由此命运发生巨大转折，并开启了一段崭新的生活。

4. 白玫瑰餐厅的"掌门人"

周海秋初到白玫瑰餐厅，便领衔出任"掌门"兼头炉子。这家店位于会仙桥29号，经营范围较为广泛，设有中餐部、西餐部和舞厅，集餐饮、休闲于一体，是那个年代一家"高大上"的著名餐馆。

当时虽然处于抗战时期，达官贵人依然奢侈无度，三五日便会举办海参宴、鱼翅席等，同时粤、湘、京、浙各大菜系荟萃山城，重庆餐饮业处于鼎盛时期。另一方面，因为各种餐馆大量涌现，名厨名菜云集重庆，同行业间的竞争也达到了白热化程度。要想在餐馆林立的局面中脱颖而出，必须在菜品开发上做出特色，既区别于其他餐馆，又成为"白玫瑰"的招牌。

对此周海秋抛弃门户之见，广揽烹饪人才，在他热情和真挚情感的感染下，先后有巴蜀名师张松云、华兴昌、唐子荣、姜锡臣等加盟"白玫瑰"。这些高手到来后，不仅毫不保留地施展厨艺，对周海秋鼎力支持，还让白玫瑰的菜品更加丰富和具有特色。

在此过程中，周海秋更是以身作则，把"掌门人"的角色发挥得淋漓尽致。他在川菜传统工艺的基础上，采取以我为主，博采众长的办法，吸取当时抵渝的粤、湘、京、浙、鲁等菜系的特点，以及重庆、四川各地方菜之风采，加以融会贯通，使技艺突飞猛进，跃上了一个新的台阶，从而自成一家，独树一帜。

周海秋不仅重视厨艺，工作严谨，重汤重味，甚至对盛菜的器皿也格外重视。比如什么器皿盛什么菜，他都制订了严格的规定。这样的氛围下，白玫瑰所用杯盘特色独具，而且多系名贵陶瓷，以康熙瓷为主。当一道道活色鲜香、色泽光亮的美味佳肴，在古香古色的龙盘凤碗里，慢慢地端上桌，接着招待又用玲珑剔透的象壶虎杯，一杯一杯地斟上美酒，并说"先生、小姐请慢用"时，客人们无不惊叹于白玫瑰的精致和优雅，感觉在这里吃饭，不仅是一种享受，更是一种至尊体验。

可惜好景不长，白玫瑰餐厅于1941年被日本飞机炸毁，被迫停业，后重新修建恢复营业。在这期间，周海秋先后在陪都饭店、瑞山饭店、金龙餐厅、凯歌归等高级餐厅事厨，待白玫瑰再度开业时，他也再次回去主厨。

白玫瑰被炸毁前，有职工80多人，中堂桌面20多张，另设雅座小厅20多间。还专门聘请了一位名叫于志文的美术教授兼任经理，主管宣传、美工。在于志文的悉心工作下，白玫瑰餐厅每面墙上都绘制有手工画，或者写着古人有关美食的诗歌，而且每年春秋更换一次，极其雅致，充满艺术气息。

当时白玫瑰也是名流会聚之所，时任重庆市市长杨森，以及郭沫若、陈白尘、吴祖光、白杨、胡子昂、何鲁、陈明德等社会知名人士，都是白玫瑰的常客。

5. 拿手菜，每一道都是艺术

白玫瑰高薪聘请周海秋，而他也没有辜负白玫瑰，把这家店带到一个高度，成为重庆餐饮业的一个著名品牌。在此之前，川中军阀争相邀请周海秋事厨，层次一个比一个高，说明周海秋并非浪得虚名。事实上，周海秋确实厨艺卓绝，研发创发的拿手菜，一个接一个，每一个都别开生面、独树一帜。

其代表菜有：烤乳猪、樟茶鸭子、干烧鱼、烧三头（牛、羊、猪）、醋熘凤脯、豆渣烘猪头等，并创制了蜀川鸡、旱蒸鱼等菜肴。以樟茶鸭子为例，便可见其厨艺的出类拔萃。

樟茶鸭子名声在外，而且好吃，其操作流程非常复杂。先把宰杀后的白条鸭，从肚皮处大开一个口，把五脏六腑挖干净后，抹上五香粉、盐、茶等物腌码。腌码时间长短，根据天气而定，天热，便腌24小时，每8小时翻一次缸；如果天冷，就腌48小时，腌过后在开水里烫坯，挂起烫。

烫了坯，再用烫水沾一下，再挂起，叫亮坯。然后放在暗炉里烤，暗炉用砖、水泥、石灰砌成，上面盖一个大铁锅，里面是一根大铁挂条，把鸭子用夹钳送进去，挂在上面。烤时要注意火候，哪里火力大，哪里火力小，必须不停转换鸭子方向。待鸭子呈现出微微的浅黄色，即流汗出油时，再把樟木面和茶叶渣撒在上面。

待烘烤成金黄色后，再拿出来，然后卤制。卤制时专门有一锅水，不能和平常的卤菜（比如卤鸡、卤牛肉）的卤水混合。卤制时也要讲究火候，鸭子有大有小，要观察火候均匀与否，有些地方火大有些地方火小，随时调整鸭子的部位。此程序后，就把鸭子提起来，用大筲箕起锅，并在筲箕上立起，沥水。沥了水鸭子才收汗，吃起才有味道。鸭子卤起后，再进笼蒸，蒸到一定火候，再用油炸，方才能上桌。

再举一例，还是周海秋的代表菜。这道菜叫"红烧牛头方"，属于热菜，咸鲜味型。其特点是：质地软糯，滋味醇浓，汤汁稠酽。烹制方法融煮、蒸、烧于一体。

渝菜烹饪大师周海秋代表菜品：樟茶鸭子

渝菜烹饪大师周海秋代表菜品：红烧牛头方

烹制时将水牛脑顶皮烧后去尽毛和粗皮，用清水煮炽取出，切成3厘米见方的块。再用开水余几次，盛碗内，加清汤、火腿片、姜、葱、料酒、糖汁、盐等上笼蒸。然后在炒锅内放入清汤，将鲜菜心放入，汤开后捞起菜心。再将牛头放在锅内略烧，收汁起锅后，放入圆盘，周围镶菜心即成。

周海秋烹制的鸡豆花也很出名。这是一道汤菜，烹制时选母鸡脯肉，用刀背捶蓉，去筋后装碗内，加冷清汤将鸡肉蓉打散，再加鸡蛋清、水豆粉、盐、味精、胡椒粉，搅拌和匀；然后加清汤烧开，倒进鸡蓉浆搅匀，移小火上焯起；待成豆花状时，将菜心入开水中煮熟后置于汤碗中；最后将鸡豆花舀在菜心上，灌入清汤，撒上火腿末即可食用。

烹制成型的这道菜，汤清菜白，清鲜味醇，光泽细嫩，有"吃鸡不见鸡""吃肉不见肉"的神奇效果，是典型的"以荤托素"的代表菜。

6. 烧熊掌博得末代皇帝盛赞

在周海秋众多拿手菜中，最具代表性的当数烧熊掌，因为厨艺臻于化境，从而博得末代皇帝溥仪盛赞，遂成一段佳话，流传甚广，历久不衰。

那时离周海秋事厨白玫瑰餐厅，已经过去了近20年，新中国已经成立，周海秋也在新时代的大背景中，成了一个社会主义的光荣建设者。

时间是1959年，末代皇帝溥仪遇特赦后，途经重庆，就餐于当时周海秋供职的颐之时餐厅，龙杯凤盏，依稀当年景象，美馔佳肴却似隔世风光。当周亲手烹制的一对烧熊掌出堂之时，即刻香溢四座，令座上宾客口中生津，上桌时块块熊掌色泽晶莹，如满盘琥珀，在华灯之下熠熠生辉，尝到口中肥糯似不胜齿，满口馥郁，其味无穷。仔细品尝，妙就妙在无"膻"味而不失"山"味，竟是到了出神入化的地步。这位早已尝遍满汉筵席的美食家，万万没有料到民间竟有如此佳味，不禁大悦，逸情顿生，赞美道："我平生不知吃了多少熊掌，却从来没有吃到如此美味。"

溥仪回过头来，笑容可掬地对身旁的服务员说道："请把你们的掌门师傅请出来，我要敬他一杯酒。"周海秋婉言谢绝再三。当请者第三次下到厨房并对周海秋说："你再不上去，客人要到厨房来敬你的酒了！"周海秋只好恭敬不如从命。

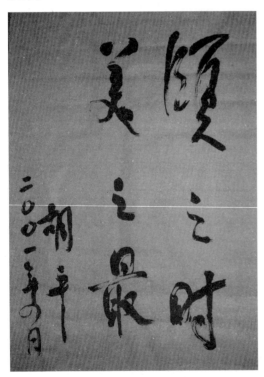

原商业部部长胡平题词

当他来到席间，溥仪马上起身，并满斟一杯酒递给周海秋。此时满座宾客全体起立，接着溥仪又赞道："我平生吃的熊掌多了，然而今天才'真正'尝到了熊掌的'真'味，周师傅的佳肴真是堪称'味止'！为您精湛的技艺，我敬您一杯酒。"周海秋虽不善饮，但也痛快地喝下了这杯酒。

此事一时传遍山城，以至于五十多年后的今天，即2017年的重庆，还有不少听闻过此事的业界人士对此津津乐道。

第十章 曾亚光：兼收并蓄的"厨坛学士"

1. 重回故土，家乡已是美食之都

　　曾亚光在重庆"适中楼"学厨，前后共 3 年时间，然后闯荡江湖，游历各地。光阴似箭，日月如梭，一晃 8 年时间过去了，曾亚光已从当初的翩翩少年，成长为一个见多识广的青年才俊了。

　　此时是 1939 年，抗日战争已全面爆发，他辗转待过的上海、南京、武汉等城市全部沦陷，广大人民陷入巨大的浩劫之中，生活可用水深火热、朝不保夕形容。

曾亚光老师烤酥方（烹协供图）

曾亚光如再抱着当初的想法，继续游历各地，见识不同的美食风味，让厨艺炉火纯青，似乎已不现实。他决定结束外出漂泊的日子，回到家乡重庆，另谋一条出路。

　　待他风尘仆仆地回到重庆，眼前的一切让他觉得有些陌生，街道宽了，房子多了，城市变得现代甚至洋派了。路上行人熙攘，操着南来北往的口音，重庆几乎成了一个"移民"城市。他带着职业习惯，打量起街道两旁，见餐馆鳞次栉比，一处接一处，而且电影院、咖啡店、西餐厅等坐落其间。曾亚光不禁心生感慨，真的是士别三日，当刮目相看。

更让他没有想到的是，当初与他在"适中楼"一同学艺的师兄廖青廷，如今已是名满山城的烹饪大师了。他不仅获得了厨界唯一的"七匹半围腰"称号，还因给"哈儿师长"范绍增操办海参宴而一举成名，成为重庆厨界响当当的人物了。廖青廷并未因此而满足，在事业如日中天的时候，没有止步不前，还与樊青云、朱康林一起，创办了小洞天饭店。

2. 先后在重庆名店事厨

曾亚光回渝，自然免不了要与师兄廖青廷见面。一别多年，两兄弟相见分外亲热，寒暄一阵，廖青廷便问曾亚光："今后有何打算？"曾亚光性格爽朗，快人快语地说："当然是干老本行，做餐饮。"廖青廷笑着说："何不到我这里来，一起干？"

曾亚光说："谢谢师兄好意，我已答应国泰餐馆朱问竺，去他处事厨。"廖青廷听了，不再勉强，说："好吧，人各有志，你先去那里干，如想来小洞天，随时欢迎。"

曾亚光就这样去了国泰餐馆，与"适中楼"出来的另一个师兄熊维卿一道打理厨政。熊维卿也是一个人物，才思敏捷、点子特多，被大家称为"小诸葛"。他先于廖青廷拜杜小恬为师，因此三人中他是理所当然的大师兄。

国泰也是重庆一家餐饮名店，创办于20世纪30年代，经理朱问竺。该餐馆技术力量较强，经营中餐业务，以承包筵席为主，也供应零餐。不久后，曾亚光又去了凯歌归餐厅。这家店更为了得。老板李岳阳，黄埔一期生，和国共两党名将孙元良、李延年、徐向前和左权都是同学。黄埔毕业后曾参加过东征、北伐和淞沪抗战。结束军旅生涯后，在重庆开了凯歌归餐厅。

"凯歌归"楼上设雅座，办酒筵，楼下卖小吃；客人主要为高官显要，一般市民望而却步。李岳阳背景深厚，人脉资源丰富，与当时重庆市警察局局长徐中齐、稽查处处长赵世瑞、军统经济情报组少将组长沈夕峰、袍哥老大石孝先等均有交情，还与不少官员、文化名人关系密切，因此生意非常好。

"凯歌归"聘请曾亚光事厨，正是看中了他精湛高超的厨艺，而"凯歌归"能够成为重庆一流名店，其美食的丰盛和出类拔萃，也是一个重要原因。在这方面，曾亚光自然卓有贡献。

3. 师兄盛邀，"小洞天"别有天地

曾亚光最终还是去了小洞天，与他在国泰餐馆共过事的大师兄熊维卿，同样做出了这样的选择。这很正常，毕竟他俩与小洞天创始人廖青廷同出一个师门，既然都是打工，与其帮别人不如帮自己人。再说廖青廷还是重庆餐饮的一块招牌，作为同道中人，熟悉行业和厨艺事务，免不了惺惺相惜，互相敬重，工作起来也顺心如意得多。

总之，同出师门的三位厨界风云人物，离别曾经共同学艺的"适中楼"近10年后，终于走到了一起。而重庆小洞天饭店，也因为他们齐心协力的打理而奠定了基础，成了业界著名的"百年老店"。

曾亚光走南闯北，见多识广，在烹调技艺上具有很高的造诣，对各种烹饪原料颇有研究，在精通川菜的同时，还旁通苏菜、鲁菜，擅长干烧、干煸、烧烤等技艺。长期的烹饪实践，让曾亚光形成了博采众长、兼收并蓄、富于变化的技艺风格，并具有如下特点：选料一丝不苟、刀工运用娴熟、火候掌握恰到好处、调料使用灵活多变。

曾亚光确实是厨界不可多得的人才，特别是与熊维卿、廖青廷共事后，三人常在一起交流切磋厨艺，技术更是稳步上升。三人中，熊维卿人称"小诸葛"，廖青廷别号"小聪明"，与这样两位师兄在一起，曾亚光收获颇丰。熊维卿在业

曾亚光在日本东京讲学（烹协供图）

图为曾亚光受小洞天委派，随"四川省烹调讲习小组"赴日本东京、大阪讲学。

教学研究（烹协供图）

图为小洞天技术培训班，曾亚光等老师正在进行教学研究。

界素以创新著称，但凡他有对改良或创制菜品的想法，便交由曾亚光付诸实施，后者也能高效保质地完成任务，从没让大师兄失望过。

在这样浓厚的业务氛围中，曾亚光厨艺逐渐达到炉火纯青，小洞天珍稀佳肴不断，三人也被外界尊称为"厨坛三学士"。

4. 干货发制的绝顶高手

曾亚光与熊维卿、廖青廷相比，除了都是一等一的厨艺高手外，他还有独门绝技，那就是干货发制。

掌握干货发制技术，在当时的重庆城，那是一件很让人羡慕的事情。对于餐馆来说，拥有了干货发制技术，就意味着带给食客美妙口感的同时，还能增加经营利润。

20世纪三四十年代的重庆，因为交通不发达，鲜货如牛鞭、牛尾等来不到重庆。另以海鲜为例，只有沿海才有鲜货，如鲍鱼、鱼翅、海参、鱿鱼等，这些食品在重庆只有干货。但是干货如何发制，发制后还能达到鲜货的要求，那就非一般人能胜任了。

曾亚光走南闯北，深知干货发制对如重庆这样的内陆城市的重要性，因此一有机会，便学习干货发制并掌握了这门技术。比如，他对鱼翅使用"涨发"办法，即先用开水浸泡鱼翅，如果鱼翅较老就必须反复浸泡，再刮去皮上的沙子，直到沙净为止。然后将鱼翅倒入冷水锅中，随即加热，待水沸腾后离火。再待水凉取出鱼翅脱去其骨，再入冷水锅，加碱，烧沸后再用文火煮约60分出锅，换水漂洗多次，去尽碱味即可烹制。

曾亚光大师在日本大阪展示烹饪技术（烹协供图）

图为曾亚光大师在日本大阪料理学院烹饪"干烧鱼翅"，技惊四座、誉满东瀛。

发制海参则时间长、难度也大一些。由于气候条件不同，海参质地软硬不一，而且品种众多，发料加工方法便有所不同。如乌灰参、岩参等外皮坚硬的品种，最好采取火发与水发相结合的办法进行加工。先将海参用火烧至外皮焦脆，再用刀刮去这层外皮，直到露出深褐色。再将海参放在冷水中浸泡2天，等到整体发软，再放入锅中加水煮沸，然后改用小火焖约2小时，再捞出整理，开肚去肠等。如此这般，发制宣告结束。

　　物以稀为贵，因为当时重庆难以吃到海鲜，军政要员、达官贵人请客，便以置办鱼翅席、海参宴为荣。懂得干货发制技术的大厨便格外吃香，曾亚光也因为拥有这手独门绝活，更加受到同道中人尊敬。

5. 最受食客青睐的餐厅

　　小洞天餐厅，因为集中了"厨坛三学士"，不时有新菜品和新吃法问世，因此在重庆众多餐馆中脱颖而出，成为抗战时期重庆最受食客青睐的餐厅。

　　曾亚光更是在这里如鱼得水，大展身手。因他能熟练掌握各种烹饪技法，又善于推陈出新，其代表菜品层出不穷，如干烧鱼翅、干煸鳝鱼、叉烧乳猪、八味鲍鱼、金钱海参等。

　　叉烧乳猪为一道热菜，具有成形大方、色泽红亮、酥脆可口的特点。因为曾

渝菜烹饪大师曾亚光代表菜品：叉烧乳猪

亚光入选过《川菜烹饪事典》一书，该书介绍了此菜的烹制法。选乳猪一只，放血刮毛洗净，剖腹去内脏留猪腰，盘脚（前脚向后屈塞于胸腔，后脚向前屈塞于腹腔，均用竹签锁牢），入热水中略烫使皮伸挺。取出揾干水汽，猪皮上抹以绍酒和饴糖，从杀口处取出颈骨，切断龙骨，上叉（用双股铁叉从后腿近肘处刺进，于两耳根下穿出），修耳（用刀修去一部分），扭尾（用竹签穿过，扭成"乙"字形，尾尖向上），排气（用竹签从腹内刺若干气眼），然后在火池中吊膛、烤皮，至呈棕红色即可。装盘前，用刀将猪皮划成长方形骨牌片，装入大长盘，配以荷叶饼、葱酱碟即成。

干烧鱼翅作为曾亚光的代表菜之一，《川菜烹饪事典》也对其做了介绍。

热菜，咸鲜味型。特点：色泽深黄，翅针明亮，柔软爽口，汁稠味浓。烹制法：焯、干烧。鱼翅涨发后去尽杂质、仔骨等，放入锅中加鸡汤、料酒，用小火煮10分钟捞起，用纱布包上；将鸡、鸭、猪肉、火腿切成厚片，放入包罐，下红汤及鱼翅包等在旺火上略烧，再移至小火上焯；待翅熟极软、汤汁浓稠时提起鱼翅包，解开，将鱼翅平铺于盛有菜心（已煸熟）的大圆盘中，再把罐中原汁滗入炒锅内收浓，淋于鱼翅上即成。

第十一章 抗战时期：名厨大展身手

1. 徐德章的手上功夫

徐德章手感奇特，八九岁时就能一把抓出 30 粒、50 粒、60 粒不等的瓜子，技惊家乡江津白沙镇，被当地人称为"神童"。徐德章学习厨艺，因为手巧，自然也练就了一流刀功。

刀功是一门技术活，勤学苦练之外，还需要天赋。熟悉徐德章的人，对他都留有一个共同印象：虽然没读过什么书，谈不上有文化，但他是一个有慧根的人，悟性很强。他练出来的刀功，不同凡响，甚至称得上出神入化，比如他在腿上垫一块绸子，然后切肉丝，切了过后，绸子上一点刀伤划痕都没得，肉丝粗细均匀，一根一根的，比别人在菜板上切出来的肉丝，还要细腻和精致。

如果这还不能称其为代表作的话，那么他把猪耳朵切得细如薄纸，可以蒙在报纸上看报纸，每个字和标点符号都一清二楚的绝活，更让人瞠目结舌，匪夷所思。

徐德章的刀功趋于化境，他切的银针萝卜丝，一刀刀下去之后，萝卜丝细如银针。待旁观者惊诧于他的巧夺天工，还没来得及大声赞美的时候，只见他就像当初抓瓜子一般，一把抓起菜板上的萝卜丝，用力甩到墙上，然后即使有人凑上前去用力猛吹，萝卜丝依然紧贴墙上，纹丝不动，最终也没一根掉落下地。如此场景和功夫，徐德章高兴之余，时有表演，让人大开眼界的同时，徐德章的名号也不胫而走。

刀功之外，徐德章善墩能炉，拿手菜不少。抗战时期的重庆，大酒楼名饭店不少，一些迎合大众的中等档次的餐馆也不少，徐德章事厨的长美轩就属于后者。虽然比不上凯歌归、小洞天、白玫瑰等餐厅，长美轩在徐德章主持下，菜式同样风味独特，个性鲜明。

2. 大厨善墩能炉

徐德章代表菜中，有一道名叫金鱼闹莲，鱼肉和肥肉结合，味型特别，口感舒适。烹制这道菜时，将洗涤干净的鱼肉、肥肉混合搅碎，然后加鸡蛋清及精盐、味精、水淀粉，搅拌成鱼蓉。同时将鸡蛋调成蛋液，加少许的水淀粉，倒入炙好的锅内摊成蛋皮。然后在蛋皮上抹上鱼蓉，制成金鱼形状，再用红椒丝点缀嵌鱼尾、红心咸蛋黄点缀嵌鱼眼，而鱼嘴则用另外的原料压切成小圆圈嵌上。

再用剩下的鱼蓉，放到抹有油的小碟内，与熟青豌豆一起造型成"莲斗"，然后把"金鱼""莲斗"放入笼内蒸熟，出笼后装入大凹盘内，其中莲斗放到盘子中央，下面垫一层煮熟的菜心，四周摆放金鱼，再将烧沸的特制清汤调好味后，全部灌入菜肴盘内即可。

这道菜以蒸为主，成菜后外形美观，色泽明丽，入口鲜嫩味美。徐德章的另一道代表菜四喜吉庆，通过多种手法烹制，工艺精细，做工复杂，称得上一件艺术佳品。

四喜吉庆是一个素菜，四种颜色，有白萝卜、胡萝卜、青笋、土豆。色、香、味、形俱美，多用于喜庆宴席。这道菜非常考刀功，一刀削错了就将前功尽弃，必须重做。那时没得小刀，全是用大刀（菜刀），首先要做成一个四方形，一层搭一层，最后成一个正方形的宝塔状，然后再划成三瓣，划错了菜就毁了。四喜吉庆成菜后合拢是正方形，分开是两个三角形，超级复杂。

做这道菜时，将青笋、土豆、胡萝卜、白萝卜切成块状，再经六刀切割成"吉庆"形。每种原料切 15 个，共 60 个。再将四种食料分别下锅，焯热后放入清水中漂凉，再在锅中放入姜片、葱节煵出香味，掺入鸡汤烧沸约 1 分钟，撇去汤面浮沫，打去姜葱不用，将四色吉庆入锅，加川盐、胡椒粉、味精烧约 2 分钟，再放入湿淀粉勾成清二流芡，加入鸡化油起锅装盘即成。

四喜吉庆一般不单独成菜，起装饰作用，旁边放有冬笋、菜心之类的烩菜，然后把吉庆放在中间，宛如一朵花，喜气洋洋，美不胜收。因为做工复杂，这道菜今天几乎已经失传，而后人在评说这道菜时，大多认为出自宫廷，来自满汉全席。因为民间不可能去做如此繁复的菜品，这种菜品在民间也无法存活下去，只有满汉全席之类的宫廷菜，掌勺大厨才有时间和精力，去做这道费工费时又费原料的菜肴。

3. 烹制火锅，也是一把好手

中餐之外，烹制火锅徐德章也是一把好手，可以说多才多艺，这也是抗战前后事厨的大师们的一个特点。

徐德章事厨长美轩前，还在稼农清汤火锅店工作过，做过清汤火锅和菊花火锅。

清汤火锅是重庆火锅中的传统品种之一，以清汤为锅底，配以各种调料，其味浓鲜，香烫。清汤锅底熬制汤料最为讲究，先将鸡肉、猪排骨、猪大骨洗净，放入开水中余水后，用清水漂洗干净；将食材放入锅中用大火炖煮，打去浮沫后改用小火吊出鲜味，即可食用。

与之相比，菊花火锅的来头就大了。据说菊花火锅始自陶渊明，这位写下"采菊东篱下，悠然见南山"的大诗人，每到秋天，便会在东篱之下采菊。有次陶渊明吃火锅时，无意中将菊花下入锅中，没想到一吃之下，不但味道鲜美，而且清香爽神。于是他将庭园中盛开的白菊花剪下来，掰瓣洗净，投入火锅中，从此，菊花火锅就此传开了。

菊花火锅有此背景，自然让人青睐有加。到了晚清，更成了宫廷名肴。对此慈禧太后功不可没。慈禧太后与陶渊明一样，都爱菊花，便学这位东晋大学士，将菊花放入鸡汤火锅内食用，既养颜健身，又分外可口。

徐德章因为刀功突出，在没有菊花的时节，通过在白萝卜和土豆等素菜上雕刻，以假乱真，让菊花火锅四季不衰，也让民国时期的食客饱了口福。

4. 张国栋"推纱望月"，诗情勃发

张国栋作为抗战时期成长起来的一代名师，被业界尊称为重庆冷菜烹饪技艺体系的开山鼻祖，其对菜式的创新和发展，不仅有目共睹，他还根据历史上的著名人物创制出了一道艺术菜，因而更让人刮目相看。

这道菜名叫推纱望月，其实就是传统菜竹荪鸽蛋，一道咸鲜味的汤菜。虽然用料高端，制作却不复杂，造型更是平易近人，给人朴实无华之感。烹制时将竹荪放入水中浸泡，待其泡发后剖开，再去蒂改片，出水，煨以清汤；将鸽蛋煮成

荷包蛋的形状，捞入碗中加竹荪，然后把特制的清汤灌入其中便可。

就是这样一道普普通通的菜，一经张国栋创新改良，便化平凡为神奇，一下子成为名菜，流传甚广，时至今天也是一道审美价值极高的烹饪艺术杰作。

著名历史白话短篇小说集《醒世恒言》，为明末冯梦龙所著。该书描写细腻，不同程度反映了当时的社会面貌和市民的思想感情。其中有一篇名叫《苏小妹三难新郎》的故事，因为情节生动、内容精彩，很受读者欢迎。书中的苏小妹即苏东坡妹妹，其实是一个杜撰人物，因为经过历史考证，苏东坡根本没有妹妹。但这则故事因为情节动人，高潮迭起，依然流传甚广。

故事大意是苏小妹在与丈夫秦少游入洞房前，提出了三个难题，对方答对了方才能进厢房。结果秦少游顺利答对前两题后，在答第三题时被难住了。第三题出的是对联，上联为"闭门推出窗前月"，秦少游左思右想就是对不出下联。此时苏东坡凑巧路过，听闻上联又见秦少游对不出下联，思索片刻，灵机一动，便往水缸中投了一个石头，顿时水花四溅，还溅了秦少游一脸。被水浇醒了的新郎官，打量四周，只见天光月影，不禁文思如泉，灵感乍现，马上提笔对出了"投石冲开水底天"这一下联。苏小妹一见，莞尔一笑，夫君果然不是绣花枕头，方让秦少游进了厢房。

张国栋显然读过这段故事，便按"闭门推出窗前月，投石冲开水底天"的意境，用竹荪做窗纱，用鱼糁做成窗格，用鸽蛋做成皎月，用清汤做湖水，用莴笋造成修竹，于是一道诗情画意的艺术菜就这样诞生了。这道菜名叫"推纱望月"的艺术菜，不仅格调高、制作巧、立意新、诗味浓，还因菜名别致，汤鲜淡雅，深受广大食客喜爱。

5. 小城大厨吴海云

以小煎小炒著称的吴海云，刀功同样不俗。以前有一道名菜叫熘鸡丝，就是把鸡脯肉切成丝来熘炒，那个就必须要有一种特殊的技法，一般的人是切不出来的，因为鸡丝比较细嫩，纤维组织不是很紧密，如果用平时切牛肉、猪肉的刀法切，切出来刀口就不细腻，便要不得，必须要使用拖刀。此种刀法前文已有所介绍，即用刀时由前上方向后下方拖拉的切法，适用于体积小、细嫩而有韧性的原料，如鸡脯肉、瘦肉等。

吴海云在成渝饭店学成艺满后，先在重庆北碚味林素食店帮厨。北碚位于嘉陵江畔，风景秀美，文化氛围浓郁，抗战时期，随着国民政府迁都重庆，北碚成为陪都的迁建区，国民政府各院、部、局多迁至于此。在 20 世纪 40 年代联合国制作的一张地图上，中国的城市只标明了三个，北碚就是其中之一，从而可见北碚在全世界的影响之大。

抗战期间，寓居北碚的文化名人众多，出版了数以千计的文艺作品，在中国现代文学史上留下了浓墨重彩的一笔，如老舍的《火葬》、靳以的《前夕》、路翎的《财主的儿女们》、夏衍的《水乡吟》等。

吴海云在这样一个山清水秀、人杰地灵的城市事厨，与这些名人有无交流和往来不得而知，但是北碚毕竟是一座小城，他所在的味林素食店，又是当地一家大店，这些文化名人，完全有可能偶然去到他店里，品尝过他的小煎小炒。

小煎鸡是小煎小炒的代表，也是吴海云的代表菜。烹制这道菜时，最好选用仔公鸡，将鸡腿肉去骨，用刀拍松，剞菱形花刀，斩成一字条形，以盐、水豆粉拌匀，另将酱油、醋、白糖、盐、料酒、味精、水豆粉、鲜汤兑成芡汁；然后将鸡肉放入油锅内炒散籽，烹绍酒，下泡辣椒节、姜、蒜片合炒，再下青笋条、马耳葱、芹黄节炒匀，待收汁亮油，起锅装盘即成。

6. 陈青云术业有专攻

陈青云作为工匠精神的代表，术业有专攻，在抗战时期的重庆大显身手。他的代表菜为清炖牛肉汤、清炖牛尾汤、枸杞牛鞭汤，即著名的"三汤"。

陈青云做这"三汤"，主要是本着精益求精、吃苦耐劳的态度，即工匠精神。比如烹制牛肉汤时，他每一刻钟就要打一次泡子，如不清理，牛肉炖出来，泡子变色，汤面上就像蒙上了一层黑膜，让人见了倒胃口，更别说吃了。他不仅按时打泡子，汤还要拿纱布过滤，待渣子慢慢沉淀后，再把改了刀的牛肉轻轻放进去炖煮。慢工出细活，这样就能把牛肉里的纤维和有营养的部分溶解到汤锅里面，包括牛筋的蛋白质和胶质，完全被汤吸收了，吃起来不仅口感丰厚，营养价值也很高。

陈青云烹制牛肉汤，还有一个与众不同之处。一般人炖汤，采用鲜鸡油，而陈青云用的是牛油，还是杀牛场的牛油。而汤与一只老母鸡一起炖，再把煎香了

渝菜烹饪大师陈青云代表菜品：枸杞牛鞭汤

的牛油淋在上面，这样牛肉汤便有了清香味道。

此外，他的蘸碟也很有特点，也是独门绝活。在元红豆瓣中，加上等花椒面、香油、味精，再放少许白糖，搅拌均匀即可。

陈青云的枸杞牛鞭汤，借用牛肉的原汤进行补充，待牛鞭炖得差不多了，再来料理，再改刀，再用牛肉汤去吞并，吞了后的汤便不要了，这样便把腥味去除了。牛尾汤还是牛尾汤的原汤原汁，如果用牛鞭汤的原汁，腥味特大，很多人便吃不下去。

如果说制作"三汤"有什么特点，归纳起来就是有"五绝"，即选料绝、做工绝、功效绝、调味绝和色香绝。每汤前后需费解骨、浸漂、煨炖、看火、掠沫、滤渣等九道工序。前日黄昏引火，翌日黎明功成。可见做工之细、味道之精。

1943年的粤香村，因为聘请了陈青云主厨，以其特色独具的"三汤"，从而生意兴隆，名冠巴蜀。

7. 刘应祥烹饪以假乱真

"儒厨"刘应祥出道较早，抗战时期已经功夫过硬、技术全面了。他在聚兴诚银行酒家事厨时，用牛掌代替熊掌做出来的菜，以假乱真，让食客吃后大呼过瘾，一时成为美谈，传遍业界。

其实他并非有意为之，实属迫于无奈，毕竟熊掌稀奇，得之不易，只好"铤而走险"，用牛掌代替熊掌。他烹制时选一块硕大的整牛蹄，牦牛牛蹄最好，用大火把牛蹄表面燎煳起泡，用热水浸泡 40 分钟，然后刮洗干净，再放进混合有花椒、老姜、大葱和花雕酒的锅水中，煮 30 分钟左右，再捞出放进冷水中浸泡，去骨，除腥。然后放进混合有盐、胡椒粉、草果、桂皮、陈皮、山柰、八角等的锅水中，再加红米和甘蔗，前者调色后者去腥。锅水中炖有老母鸡，锅底放 1～2 张竹笆，小火慢煨 8 小时左右，把牛蹄轻轻捞起，再改刀，再蘸汁，掌面向上放置大盘中整理成型。这道菜吃起来粑糯细腻、醇厚美味，一般人辨别不出来，还以为真的是熊掌。

刘应祥还用冬瓜为原料，做过假燕窝。大致是除去鲜冬瓜青皮，片成比火柴棍还要细一点，切成均匀的丝，再用清水泡硬，再用白毛巾把水分吸干，均匀地滚上很细的豆粉，锅里烧白水，水到微开，不要太开，把冬瓜丝放下去，然后锅端起来，轻轻地拨散，再用清水浸漂，浸漂后就像粉条一样了，晶莹透明，口感极像燕窝。

以假乱真其实是很考厨艺的，但毕竟不是主流，因此不到万不得已，刘应祥不会出此下策。但他确实是有真功夫的大厨，后来冯玉祥到重庆，还慕名请刘应祥去做过私厨。

冯玉祥性格豪爽，特别喜欢吃刘应祥做的南瓜盅。做这道菜时，在南瓜蒂部开口、去瓤，将牛肉剁碎，做成馅料装入瓜腹内，加葱、姜、食油、料酒、味精和食盐，再盖蒂，上屉蒸熟即可。此菜风味别致，且有补益之功。冯玉祥先在桌子上吃，一吃高兴了，便抱着南瓜边走边吃，还说"不错，好吃"。

有次冯玉祥请刘应祥去相国寺做菜，两人各坐一个滑竿，因为冯玉祥身材高大，体形魁梧，一下子就把滑竿坐断了。刘应祥赶紧让出滑竿，冯玉祥大手一挥，爽朗地说："你是火头军，温饱全靠你，不用客气，请坐。"冯玉祥作为近现代历史上著名的人物，对一个厨师如此尊重，很令刘应祥感动，直到 20 世纪六七十年代，事情过去二三十年后，他还与女儿刘永丽回忆过此事。

第十二章 陈鉴于：学厨从磨难开始

1.因为一套服装，被迫弃学

抗战时期，重庆名厨纷纷登场、大显身手之际，一个与重庆餐饮界有着密切关系的人物，也在四川省自贡市开始了他的厨艺生涯。

陈鉴于 1924 年 2 月出生，父母都是家庭手工业者，专门编制装盐的竹篓子。陈家共有 4 个子女，陈鉴于排行老二。陈鉴于天资聪明，但因家境贫困，无钱送他读师资力量强、教学质量上乘的全日制小学，父母便把他送到善堂读书。

当时的善堂是真正的义学，贫困家庭子弟读书，不收分文学费。陈鉴于在善堂读了两年后，便到井区育才小学读书，所学课程与现在的小学相差无几，有语文、算术、美术、音乐等。

在育才小学读到第三年时，学校要求每个学生定做一套统一的童子军服装，陈家父母尽管勤俭持家、忙碌劳顿，仍只能勉强糊口，拿不出钱供陈鉴于做童子军服装。但是学校硬性规定，凡不做童子军服装的，则作除名处理，陈鉴于被迫弃学，就此离开了学堂。

渝菜烹饪大师陈鉴于先生
（烹协供图）

父母迫于生计，决定让陈鉴于去学厨。陈鉴于有个名叫陈海三的叔父，在重庆、成都等地的厨界都具有较大影响，但他此时偏偏又不在自贡，陈鉴于只好去当地富和园餐馆学厨。

时年 13 岁的陈鉴于，与富和园餐馆老板约定，先学 3 年徒，再帮 1 年工，共 4 年，在这期间餐馆老板不付分文工钱，只提供吃和住。

旧时有"教会徒弟饿死师傅"一说，老板自然不会轻易教陈鉴于手艺，他只好"偷学"了。每当老板上炉做菜，陈鉴于就借故站在旁边或身后，边打扫灶台边看老板做菜。久而久之，老板看出了端倪，再做菜时，陈鉴于一旦靠近他身边，他便大喊一声"给老子滚远点"。每当这时，陈鉴于便猫一般蹿出厨房，待老板放松警惕时，再溜到他身后去"偷学"。

2. 徒弟还不如一锅猪肘

时间久了，老板首先失去了耐心，心想你这样看几眼就学会了，也未必太小看厨艺了，再一想，陈鉴于假如真的通过此举学得一手好厨艺，正好为我所用，反正又不付工钱。于是老板再做菜时，不再阻止陈鉴于在一旁"偷学"了，还指东指西，把陈鉴于当一个下手使唤。

老板小瞧陈鉴于了，忽略了他与其他徒弟完全不是一个层次，陈鉴于读过书有文化，脑子好使，对厨艺又有天然的好感和兴趣，即使没人手把手教他，仅凭他的聪慧和悟性，就能把他所见的烹饪过程熟记在心，并从中找出做菜时的关键点，如配料比例、火候大小、起锅时间等。

陈鉴于就这样掌握了基本厨艺，而且比先他一步进入富和园的师兄还要强，更莫说同期入门的师弟们了。虽然陈鉴于能够独当一面了，老板依然不把他当人看。

一次陈鉴于煮猪肘汤，鼎锅悬挂空中，下面烧着炭火。鼎锅很大，能装一桶水，煮到一定时候需要翻猪肘，由于猪肘与锅底粘连，不易翻动，陈鉴于便借助铁钩去翻。没想到用力过猛，把鼎锅打翻了，滚烫的热水全部倒在了炭火上，顿时水雾四起，热水四溅。鼎锅翻转倾泻热水的瞬间，陈鉴于正处于鼎锅一侧，幸好眼疾手快，及时躲到了一边，不然一锅热水淋下来，非死即伤。

正常情况下，陈鉴于幸免于难，老板应感庆幸，还会送上安慰之语。但这个老板不但对徒弟不管不问，还认为损失了一锅猪肘，抓起一根扁担便向陈鉴于抡去，陈鉴于眼看不好，情急之下跃上窗台，向父母家跑去。

几天后，老板托人找到陈家，叫陈鉴于回去工作，保证不再打他。老板并非良心发现，而是见陈鉴于已经学艺3年，能够独当一面了，剩下一年纯属帮工，又不花工钱，此时放他走，不是便宜了陈鉴于，亏了餐馆吗？所以无论如何要叫陈鉴于回去，不然不准他出师。

3. 师傅不认，四年努力付诸东流

陈鉴于重情重义，明知老板打着小算盘，想到事先约定——学3年帮1年，便在老板保证不再打人的情况下，回到了富和园餐馆。

剩下一年时间，也许因为义务为老板打工，又凭借一手好厨艺，让富和园生意火红，收入暴涨，老板也没再对陈鉴于动一根手指头，彼此相安无事，平平静静地过了一年。

约定的4年学厨和帮工期限已到，陈鉴于该正式出师了，然而令人没有想到的是，在这本应是皆大欢喜的时刻，老板却节外生枝，让陈鉴于不但没能顺利出师，还因此生活陷入窘境，最后竟被逼得远走他乡。

旧时学徒出师，就像现在大学生毕业，必须要拿到文凭，才算名正言顺的毕业生。那时学徒出师，虽不要师傅颁发文凭，但必须要口头承认，方才能到其他餐馆、酒楼打工，不然就算你有天大本事，其他餐馆、酒楼也不会接纳你，因为没有出师嘛，这也是当时餐饮行业不成文的"潜规则"。

本书前文述及廖青廷、周海秋和曾亚光时，对此亦有介绍。但他们的师傅均为名厨，器量和格局非一般人可比，所以他们出师较为顺利，更没给日后工作造成不利影响。但陈鉴于却不同，他的师傅脾气暴躁，为人苛刻，把徒弟当摇钱树，尽管陈鉴于3年学成艺满又免费打工1年，待出师时，他的师傅却还想再捞一笔。

师傅要求陈鉴于必须在富和园摆20多桌酒席，还要给师父师母各做一套布料上乘的衣裤。摆出师宴是当时的行业规矩，本来是应该的，只是为人善良的师傅，不会为难徒弟，摆一两桌即可，象征一下就行了。至于给师父师母各做一套衣裤，也视徒弟能力而行，决不是非要什么档次的布料不可。

因此当陈鉴于的师傅不按常理出牌，既要他摆20多桌酒席又要送两套高级衣裤后，陈鉴于实在难以接受，不是他不尊师重道，而是他实在没有这个能力。陈鉴于在富和园餐馆4年，没有一分钱收入，父母又是编制竹篾讨生计的底层人士，哪里有条件满足师傅的要求？于是陈鉴于一气之下，便不加思索地拒绝了师傅的要求。师傅闻之，暴跳如雷，大为光火，便对外扬言陈鉴于没有出师，以此断了他到其他餐馆打工的出路。

陈鉴于年轻气盛，不准我出师未必我还找不到事做？带着不信邪的念头，便

到其他餐馆找事做。虽然陈鉴于厨艺不错，又吃得苦还有文化，但众多餐馆出于对江湖规则的遵守，没有一家敢于接纳他。陈鉴于这才意识到问题的严重性，但是覆水难收，开弓没有回头箭，只好忍着一肚子委屈，在家待业。

一年时间过去了，在这期间，陈鉴于也没闲着，不准我打工，与其他餐馆的同行交流厨艺，该管不着了吧？于是他走遍了自贡的大小餐馆、酒楼和饭店，与同行交流厨艺，切磋技术，有时趁老板不在，还帮忙炒两个菜。自贡本来就是盐帮菜发祥地，厨师藏龙卧虎，高手层出不穷，陈鉴于也因此厨艺大增，而且在理论上也收获颇丰。

4. 厨界藏龙卧虎，高手如云

东方不亮西方亮。陈鉴于眼看着在自贡难有出头之日，便决心到餐饮业发达的重庆寻找出路。天生我材必有用，陈鉴于坚信在不受人压制和左右的环境中，他定有出人头地的那一天。

1941 年，陈鉴于来到了重庆。正是抗日战争如火如荼之时，日寇加大了对中国"战时首都"重庆的轰炸。当年 6 月 5 日，日军从傍晚起至午夜连续对重庆实施多小时轰炸。重庆市内的一个主要防空洞部分通风口被炸塌引致洞内通风不足，洞内市民因呼吸困难挤往洞口，造成互相踩踏，以致大量难民窒息死亡。这一天，对于重庆这座城市来说是永远难忘的——"6·5"重庆大轰炸纪念日。

渝菜烹饪泰斗陈鉴于
（烹协供图）

陈鉴于目睹了日本飞机对重庆的狂轰滥炸，尤其是青年路一带，炸得只剩断垣残壁，黑烟滚滚，空气中弥漫着浓烈的呛人气味。陈鉴于深感一个国家就如同一个人，如果自身不强大，就会被人欺凌和蹂躏。天下兴亡，匹夫有责。陈鉴于没有机会扛起枪，去前线冲锋陷阵，唯有学好本事，服务好更多的人，也算为遭受浩劫的民族，尽了应尽的一份力。

陈鉴于如此想着便急于想找到一份工作，但在举目无亲的重庆，又处战争年代，想找一份工作谈何容易。天无绝人之路，当他愁眉不展之际，一位熟识的自贡老乡，居然在偌大的重庆城碰到了他。老乡便把陈鉴于介绍到位于歌乐山的富华烟厂经理公馆帮厨。

抗战期间，对中华民族而言，是一个苦难深重的历史时期，但对渝派川菜来说，却因祸得福，是奠定基础乃至重要的发展阶段。陈鉴于在富华烟厂经理公馆帮厨期间，时常抽空从歌乐山赶到市中区，与厨界同行交流切磋。

当时的重庆各大菜系云集、南北名厨荟萃、名店名菜集中，陈鉴于与这些名师大腕交往之后，深感自己根基不牢、技艺不深、烹饪不精，要想在这个行业有所作为，必须继续学习，潜心深造，好让厨艺脱胎换骨，有一个质的飞跃。既然家乡自贡是盐帮菜发祥地，也具有丰富而深厚的美食土壤，何不重返故乡，再认真学习一番呢？

就这样陈鉴于回到了自贡。

5. 回到自贡，只为潜心学艺

陈鉴于回自贡后，在好园餐厅"进修"，这样做基于两点：一是防止富和园餐馆老板作梗，"进修"不要工钱，徒工待遇，老板不好发难；二是好园系大餐厅，能学到不少本事，这也是陈鉴于最主要的动机。

好园餐厅厨师长刘云成，在当时的自贡乃至川南，都极具影响，是川南四大名厨之一。巧的是刘云成与陈鉴于叔父陈海三还是师兄弟关系，论起行业辈份，刘云成应是陈鉴于师伯。有了这层关系，刘云成在厨艺上，对陈鉴于毫不保留，悉心传授。

刘云成红、白两案精通，所做一道甜菜"翻沙苕蛋"，更是在自贡让其他厨师望尘莫及，遂成为他的独门绝技。刘云成也将这道菜的烹制法传给了陈鉴于。

做这道菜时，先将干净红苕切成片，上笼蒸熟，置于漏瓢内弄成苕泥。一斤苕泥加50克猪油、100克面粉合揉成皮。用洗沙加果脯做成芯，卷拢裹成鸽蛋大小，做成苕蛋。干净锅内的油熬至60℃下苕蛋炸透后起锅，再于干净锅内用水溶化白砂糖200克熬炒，化成液体状的白砂糖泥先是起大泡，转为小泡时，当糖泥炒发白了，就将锅端离火口，即行把苕蛋下到糖泥内搅转，使每个苕蛋都裹沾上一层糖，接着盛进盘内，就成了"翻沙苕蛋"。

这道名菜的关键处在于对白砂糖的熬炒，如果熬炒老了，要脱皮，嫩了，不翻沙。其他厨师做这道菜时达不到刘云成的水准，关键就在于对火候的掌握未能恰到好处。

刘云成指导陈鉴于做这道菜时，每到关键处不但强调还动手演示，让陈鉴于铭记在心，时刻不忘。陈鉴于做完"翻沙茗蛋"后，刘云成品尝了一下，觉得大致不离，心里暗暗叫好，见微知著，认定陈鉴于将来必成大器。

教会了陈鉴于做"翻沙茗蛋"，刘云成又将其他拿手绝活倾囊相授，并强调：师傅引进门，修行靠本人，好比佛家一样，自身还得长期修炼，才能终成正果。

陈鉴于深以为然，谨记刘云成教诲，终成一代名师。此外，他还在刘云成处，学习了高档糕点烹饪技艺，使自己的厨艺更加全面和精湛。

6. 再返重庆，技艺不可同日而语

陈鉴于在自贡好园餐厅干了近一年后，师伯刘云成认为他的厨艺上了一个台阶，即使外出闯荡，也能应付自如、独当一面，便叫他再去重庆城，一方面施展才艺，一方面寻找叔父陈海三。

陈鉴于觉得有道理，便决定再返重庆，争取做出一番事业。再到重庆，陈鉴于的厨艺已与第一次来时不可同日而语，不但红案、白案精通，各类烧烤技术也悉数掌握，功夫比较全面了。

更令他没有想到的是，此番到重庆，成为他人生路上的一个重要转折点，开启了他崭新的厨艺事业。

到达重庆，陈鉴于最想做的事是找到叔父陈海三，但人海茫茫，餐馆、酒楼、饭店如林，哪里能够一时半会儿就把叔父找到？他决定先稳定下来，再想办法找叔父。

经人介绍，陈鉴于顺利地加盟了静而精成都大饭店，根据酒店安排，他烧二炉，头炉师傅名叫钟学成。

陈鉴于加盟静而精成都大饭店时，

陈鉴于与弟子们（烹协供图）

图为陈鉴于（前排中）大师和他的徒弟们（前排右二张正雄、右一戴金柱）。

饭店尚在筹备之中，正式开业那一天，名流云集，客人中有来自华康银行的，见多识广，饮食讲究。那个时候，各大餐厅、酒楼没有现今盛行的菜谱，食客吃什么，照着菜谱点要，而是根据季节出什么菜就点什么菜。

时值3月，正好嫩豌豆上市，华康银行的客人便叫来一份"青豆烧鲢鱼"。青豆即豌豆，业内人习惯这样称之。

烧头炉的钟学成掌勺烧了一份上桌，客人吃了两口便说："不行，端回去，重新做一份。"

钟学成的脸上有些挂不住了，但无奈客人不满意，只有重做。再弄另一份上桌，华康银行的客人又不满了，大声喊叫道："还是不行，再重新做好端来。"

钟学成尴尬极了，今天饭店开张就出洋相，砸了饭店的牌子，以后还怎么混？饭碗不被砸才怪了。信心受挫，他再也没有勇气做第三道"青豆烧鲢鱼"了。

见此局面，陈鉴于挺身而出，说："钟师傅，我来做一份试试。"不待钟师傅回答，陈鉴于很快便做好了一份"青豆烧鲢鱼"，并叫服务员端到客人桌上。

华康银行的客人吃了陈鉴于做的鱼，十分满意，便说："行，就照这个弄法，再重新做一份。"

见此情形，一直屏声静气、忐忑不安的饭店老板，终于把悬着的心放了下去，由此对陈鉴于另眼相看，尊敬有加。而钟学成更是对陈鉴于感激不尽，主动提出由陈鉴于烧头炉，他烧二炉。陈鉴于坚决不答应，两人相持不下，饭店只好打破常规，不再分头炉和二炉，凡是难做的菜，或者碰上嘴刁的客人，便由陈鉴于主勺。

7. 无奈之举，成就了一道好菜

陈鉴于通过一道"青豆烧鲢鱼"，不但避免了饭店出丑，还挽回了同行面子，一时成为茶余饭后的谈资，在厨界流传。时间一长，竟然传到了同在一城事厨的陈鉴于叔父陈海三耳里。但他把握不准，不知传说的那个陈鉴于，是不是自己的侄子。

陈海三决定一探虚实，有天他抽空专程去了静而精成都大饭店。当叔父突然出现在自己面前时，陈鉴于完全惊呆了，简直不敢相信自己的眼睛，直到叔父开口叫他，方才如梦初醒，激动得大声应道："叔父，我终于见到你了。"

陈海三此时在重庆著名的凯歌归餐厅事厨，便叫陈鉴于辞去这里的工作，跟他去凯歌归上班。陈鉴于自然欣喜万分，满口答应，便随叔父去了凯歌归，就任掌勺的头炉。

陈鉴于在凯歌归期间，叔父陈海三将其平生所学，一一都传授给了他，让陈鉴于厨艺突飞猛进，成为一个烹饪多面手。有一次，陈鉴于跟随陈海三上门为一个国民党高官事厨，因为宴席中最为重要的一味食材忘记拿了，差点"倒炉子"。幸亏陈鉴于头脑灵活，无奈之下把柳芽当作食材，竟意外成就了一道好菜。

这个高官住在歌乐山附近，一次请陈海三、陈鉴于师徒上门烹制一桌宴席。上门服务前，高官派了一个副官，审核了此次宴席的菜单，副官颇为满意并付了定金。

宴席那天，陈海三师徒挑着锅碗瓢盆，带着食材调料就去了。到了公馆后才发现"鸡蒙竹荪月影鸽蛋"这道菜的竹荪搞忘拿了。这可是这道菜的关键原材料，没有了竹荪，这道菜便无法烹制。陈海三冒火了，对负责准备原材料的陈鉴于大发雷霆："这下'倒炉子'了，你看怎么办？""倒炉子"即现在重庆话"下课"的意思。

陈鉴于被骂得差点"晕气"，便到野外透气，缓缓神。正是春暖花开时节，柳枝飘来荡去，陈鉴于顺手摘了柳芽，放进嘴里一嚼，涩口，赶紧吐了出来。就是这一瞬间，陈鉴于似乎想到了什么，马上把手帕拿出来，把摘好的柳芽放在上面，然后回到厨房，对老师说，他准备用柳芽代替竹荪，做"鸡蒙竹荪月影鸽蛋"这道菜。

柳芽涩口，陈鉴于便用水漂洗两次，再用鸡蓉蒙住柳芽，使之不再涩口。陈海三见状也死马当活马医，对副官说："现在正好开春，我们准备把竹荪改为柳芽，做一道应景菜。"副官一听，有道理，随口便同意了。做好的这道菜白中透绿，春意盎然，宾客吃后赞不绝口，还奖励了两个大洋。

陈鉴于不仅聪明还淘气，陈海三对他尽管器重，但管教很严格。如果学厨时表现不好，便会挨打。陈海三打了他两次后，发现他无动于衷甚至还暗中窃笑，遂觉得不对劲，便撩起陈鉴于身上的长衫，一看，原来他在身上缠了一块薄的猪皮，所以打起来不痛。见徒弟如此"有才"，陈海三也忍不住哈哈大笑起来。

第十三章 活色鲜香的美食杂事

1. 饮食业景象缤纷

抗战时期，重庆以其陪都的特殊地位，达官贵人云集，城区人口从 20 万暴增至 100 万，饮食业发展达到鼎盛。

据 1939 年统计，重庆市具有一定规模和影响的餐馆有：燕市酒家（公园路 32 号）、湖北饭店（龙王庙 59 号）、小洞天（后伺坡）、凯歌归（柴家巷内）、蜜香（武库街）、新记（下陕西街 128 号）、光利（小壕子 8 号）、乐露春（一牌坊）、上海社（县庙街 28 号）、卡尔登（上清寺）、一心饭店（二牌坊 29 号）、利大饭店（武库街 48 号）、九园（瓷器街）、国际饭店（洪学街）、大都会（磁器街 31 号）、良友食品社（状元桥）、京都饭店（杂粮市 52 号）、冠生园（都邮街 25 号）、鸿运楼（中正路）、四美春（民族路）、白玫瑰（民族路）、天林春（五四路）、九华源（炮台街 16 号）、味腴餐厅（杂粮市 22 号）、广东酒家（民权路）、俄国餐厅（临江路）、粤香村（保安路白龙池口）、永远长（木货街）、临江饭店（临江门丁口街）、三六九（中四路、中一路、民族路）、稀馐（保安路）、百龄餐厅（中正路）、新味腴（新生路 88 号）、鸿宾楼（中二路）、觉性（长安寺 8 号）、五芳斋（县庙街）、霞映楼（棉花街 29 号）、大三元（县庙街）、国泰饭店（光华路 1 号）、生生公司（牛角沱）、生生食堂（会仙桥）等等。

到 1943 年，重庆市警察局统计，全市共有大小餐馆 1789 家。有意思的是其中有 865 家为无照经营，警察局也进行了统计。渝派川菜的格局大致形成，并具有相当的规模。据当年重庆餐食业同业公会记载：高档餐馆的资本金均在 20 万元以上，这类餐馆既能摆大型宴席，也设有单间、雅间，一桌酒席花费数十银元。

中型餐馆资本金一般在两万以上，大堂不十分豪华，但能经营各种烧烤海鲜之类的大菜，一般宴请、便餐小酌均宜，而食客多为普通市民。工人及下力汉的小饭铺、豆花馆又称"四六分饭铺"，是比较经济实惠的地方。一份烧白，一碗豆花，二两白干，再加一碗俗称"帽儿头"的大米饭，即盛得堆尖的大碗米饭，酒醉饭饱，花钱不多。如果手头宽裕，还可炒盘素菜，烧个汤。至于设摊经营糕饼小吃、冷酒烧腊的小经营户则多半属于本小利薄。但饮食做得地道，人人过路均可购而食之。一些做得特别精致的小吃，还受到有身份的人的青睐，如老四川牛肉。还有连摊位也没有的饮食担子，穿街走巷，沿途叫买，深夜不绝。一头炉灶，一头碗筷佐料，卖担担面、抄手、汤圆、棒棒糕、炒米糖开水、荷包蛋之类。冷担子则无炉灶，卖凉粉、糍粑之类，花费不大。最小的生意则是提篮游走于码头小巷的小贩，卖水八块，豆鱼、豆干之类，一个钱一块。

2. 博采各大菜系之长

抗战时期，大量外地人涌入重庆，其中不乏军政要员、达官贵人、大资本家和社会名流等，极大地刺激了重庆饮食业的发展。

与这些显贵、名流一同涌入重庆的还有大量的名店和名菜。据 1943 年重庆中西餐食业同业公会记载，当时重庆有江浙馆 45 家，如三六九、五芳斋、陆稿荐、状元楼等；有京津馆 27 户，如同庆楼、华北春等；有粤菜馆 15 户，如冠生园、大三元等；还有鄂菜馆、豫菜馆、鲁菜馆、湘菜馆、徽菜馆等 33 户，以及俄、英、美、法等外国人开办的西餐馆 30 户，形成了南北味、中西菜并存的繁荣局面。

上述餐馆，仅是重庆中西餐食业同业公会的会员，放眼整个重庆，外地人在重庆开办的餐馆数量更为庞大。那时的重庆称得上名副其实的"美食之都"，漫步街头，可以随时品尝到各地美食，如广东糕点、福建海鲜、湖南辣子鸡、北京烤鸭等。当时的重庆集中了各大菜系，各地著名菜品大量涌入，如江浙的炝虾、上海的糖醋鱼、扬州的狮子头、广东的冬瓜盅等。

在这道饕餮大餐中，美食风味多姿多彩，省外的有京津味、湖北味、江浙味、广东味、湖南味、贵州味等；省内的有成都味、内江味、乐山味、泸州味等。重庆本土风味同样出类拔萃，各种名菜层出不穷，如"小洞天"的清蒸肥头、"九华源"的清蒸火腿、"老四川"的灯影牛肉、"一四一"的毛肚火锅等。这些菜品做工精细，用料考究，当时赢得了广大食客的喜爱。

面对浩浩荡荡的时代大潮，重庆厨界审时度势，广泛吸收各地名菜之精华，博采各大菜系之所长，加上廖青廷、周海秋、曾亚光等引领时代风云的大师，正是风华正茂、年富力强之时，他们海纳百川，兼收并蓄，不断改良和创新菜品，让重庆饮食业呈现出各具特色、百花齐放的灿烂景象，涌现出了一批饮誉业界的美味佳肴，为渝派川菜的崛起奠定了深厚的基础。

3. 文化名人的美食情结

"渝市大小吃食馆本极多，几为五步一楼，十步一阁。客民麇集之后，平津京苏广东菜馆，如春笋怒发，愈觉触目皆是。"抗战期间，通俗小说大家张恨水都是在重庆度过的，他对当时重庆美食业的印象非常深刻，在他所著《重庆旅感录》中给予了如是描述。

张恨水于 1938 年 1 月 10 日到达重庆，1945 年 12 月 4 日北上。在重庆时，张恨水创作发表了大量作品，如连载于重庆《新民报》的四部长篇：《八十一梦》《牛马走》《傲霜花》《偶像》。抗战后在北平的两年间，张恨水只写了《巴山夜雨》和《纸醉金迷》，两部小说继续讲述着他在战时重庆的经历。张恨水说："这两部书，都是以重庆为背景的，对我而言是作了一个深刻的纪念。"可见其对重庆感情之深，当然包括他对重庆美食的感情，"抗战时期，重庆大批北味盛行，粤味次之，京苏馆又居其次。且主持得人，营业皆不恶"。

著名学者梁实秋也是美食家，1938 年抗战开始，他在重庆主持一家报社的副刊工作，时常出没于餐馆之中，他在《雅舍小品》一书中，对重庆美食也有生动描述："抗战时，某日张先生召饮于重庆之留春坞。留春坞是云南馆子。云南的食物产品，无论是萝卜或是白菜都异常硕大，猪腿亦不例外。故云腿通常均较金华火腿为壮观，脂多肉厚，虽香味稍逊，但是做叉烧火腿则特别出色。留春坞的叉烧火腿，大厚片烤熟夹面包，丰腴适口，较湖南馆子的蜜汁火腿似乎犹胜一筹。"

陪都时期重庆倒是有一家著名餐馆留春幄，也是重庆开埠以来创建的第一批大餐馆之一，能制作烧烤席、鱼翅席、海参席、满汉全席，著名的菜点有烧方等。梁实秋所写"留春坞"不会是"留春幄"之误吧？但据史料记载，留春幄为重庆本地餐馆非云南馆子。总之，此"留春坞"是不是彼"留春幄"，只有当事人清楚了。

重庆餐馆擅烹鳝鱼，对此梁实秋写道："我最欣赏的是生炒鳝鱼丝。鳝鱼切丝，一两寸长，猪油旺火爆炒，加进少许芫荽，另盐，不须其他任何配料。这样炒出来的鳝鱼，肉是白的，微有脆意，极可口，不失鳝鱼本味。另一做法是黄焖鳝鱼段，切成四方块，加一大把整的蒜瓣进去，加酱油，焖烂，汁要浓。这样做出来的鳝鱼是酥软的，另有风味。"

剧作家、诗人田汉在日记中写道："留香园雅洁可爱，只卖下酒的菜如花生米、豆腐、皮蛋、牛肉干之类。"可见《义勇军进行曲》的词作者，闲来也对重庆美食情有独钟，喜爱小酌两杯。

茅盾在《"雾重庆"拾零》中写道："重庆市大小饭店之多，实足惊人。花上三块钱聊可一饱的小饭店中，常见有短衫朋友高踞座头，居然大块吃肉大碗喝酒。中山装之公务员或烂洋服之文化人，则战战兢兢，猪油菜饭一客而已。"

4. 郭沫若为牛肉馆题名

1938 年末，郭沫若从武汉来到重庆，住在重庆天官府 4 号，团结进步人士进行抗日救亡运动。在他寓所对面有一家夫妇开的牛肉馆，临江而建，环境简陋，但远离喧闹、地处僻静，加上这家店烹制的牛肉特色独具，非常可口好吃，凡有各界朋友到访，每到饭点，郭沫若便会安排去这家店吃饭。

这家店主推牛肉，有清炖、红烧、粉蒸、凉拌等风味。凉拌牛肉口感纯正，麻辣醇香；清炖牛肉，清爽味鲜，汁浓味厚；其他如红烧牛肉、腌卤牛肉、粉蒸牛肉等，要么肥而不腻，嫩而不膻，要么肉质鲜美，色味俱佳。更有特点的是，这家店不仅价钱公道、童叟无欺，只要把话说到明处，比如今天出门走得急，忘了带钱之类，老板也不翻脸不认人，而是允许赊欠，有空记到还来就是了。因此生意特别好，买卖非常兴隆。

郭沫若经常光顾这家店，一来二往跟开店的夫妻都混熟了，突然有一天发觉这家店居然没有店名，便问这对夫妻怎么不取店名。两口子都是实在人，嗫嚅着说道："小本经营，我们又没得文化，不知怎么取。"郭沫若一听，顿时来了兴趣，说："我给你们取一个吧！"开店夫妻异常高兴，忙不迭地点头，"那敢情好"。

星临轩酒馆卤牛肉

郭沫若沉吟片刻，说："你们掌柜不是叫马星临吗？福星临门，就叫'星临轩'吧，既易记，又有内涵。"郭沫若不仅取了店名，还泼墨挥毫写下了"星临轩"三字，并特意题词："此庐虽小，其味隽永。"

这家店有了郭沫若亲笔手书的店招之后，更加引人注目，生意也越来越好。当时的重庆文化界人士，也对星临轩一往情深，访友会客，宴请同仁，大都安排在星临轩，星临轩几乎成了一个文艺沙龙。

5. 徐悲鸿用画赠厨界大师

著名画家徐悲鸿，抗战期间，随中央大学内迁来到了重庆，寓居重庆江北磐溪。重庆给了徐悲鸿一个新家，徐悲鸿在重庆的这段时间也成为他创作生涯中最重要的时期，在这里他创作了《巴之贫妇》和《巴人汲水图》等极具影响力的国画名作。其中《巴人汲水图》在2004年更是创下1650万元的天价。

当时川渝名厨黄敬临把"姑姑筵"餐馆从成都开到了重庆，一时门庭若市。黄敬临一生充满传奇色彩，出身名门，还考取过清末秀才，受到慈禧太后赏识，曾在光禄寺供职，得四品顶戴，被称为"御厨"。后到地方任县长，但黄敬临文人气质浓郁，喜欢无拘无束生活，特别爱好美食，便辞职不干，在成都开了"姑姑筵" 餐馆。

黄敬临到重庆后，蒋介石曾慕名去"姑姑筵"吃饭，吃后十分满意，大为赞赏。1942 年，黄敬临因病去世，终年 68 岁。蒋介石闻讯，还派人给他送了副挽联"无冕之王"。

黄敬临一生创新菜肴数以百计，其中有道菜"软炸扳指"，软炸技法与糖醋味型相结合，以大肠为主要原料，用葱、姜、花椒去腥码味，先水煮去浮油，再入蒸碗，又加料酒、葱、姜、花椒、盐等上火蒸至软熟。后裹软炸糊，下油锅炸制金黄捞出即可。

这道菜外皮酥脆，软嫩可口，据说最受徐悲鸿青睐。每当徐悲鸿光临"姑姑筵"，必点此菜。而黄敬临总是亲自下厨掌勺。为表达谢意，徐悲鸿便当场挥毫，速就奔马图一幅赠送给黄敬临。

6. 张大千横渡嘉陵江只为买卤菜

张大千是绘画天才，丹青巨匠，被西方艺坛赞为"东方之笔"。不为外界所知的是，张大千还是一个地道的美食家。他曾说："以艺事而论，我善烹调，更在画艺之上。"

徐悲鸿在《张大千画集》序中说："能调蜀味，兴酣高谈，往往入厨作美餐待客。"在张大千看来，吃，不仅是为了解决饥饿，更是为了实现人生最高的艺术目标。他曾以蘑菇、萝卜、竹笋、蔬果、白菜等为素材，创作了大量的绘画作品。

1916 年，时年 17 岁的张大千从内江老家赴重庆求精中学读书，后于 1943 年结束长达 2 年多时间的临摹敦煌壁画后，在重庆举办了画展，引起很大轰动。张大千对重庆怀有深厚的感情，视为第二故乡，他创作过很多形式的《长江万里图》，比如手卷、册页、长卷等，画的都是重庆的风景。除此之外，像朝天门、佛图关等地方，张大千在作品中也有不少表现。

张大千在重庆绘画之余，也很喜欢重庆的美食。他当时在求精中学读书时，嘉陵江对面有一家卤菜非常好吃，于是他就脱了衣服，把衣服顶在头上，一只手扶着，单手游过嘉陵江去买卤菜，买完后再单手游回来。

如此情节经张大千女儿张心瑞于 2015 年向媒体透露后，重庆美食再次成为关注焦点，对其扬名海内外起到了推波助澜的作用。

第十四章 美食之都，也是时尚之城

1. 宋氏三姐妹旗袍秀

抗战时期的重庆，既是美食之都又是时尚之城。20 世纪 20 年代到 30 年代，即潘文华任市长治理重庆时期，在大兴土木扩建发展重庆之时，也有意识地对一些旧的不良习俗加以改良，传入新的思想观念和文化。

以前重庆人爱用白布缠头和打光脚板（即赤脚），随着城市建设加快，现代生活方式和礼仪文化也接踵而至。到抗战爆发，特别是那些来自上海、南京和北平等大城市的文化名流、艺术工作者、教育界人士和电影明星的涌入，不可避免地带来了时尚之风，加上当局大力纠正，后来在重庆主城区，几乎很少见到缠头和打赤脚这种现象了。

战时首都重庆，在 20 世纪 30 年代发起的"新生活运动"基础上，再次推行"国民精神总动员运动"，当局大力惩治吸毒、卖淫、赌博等陋习，很多烟民成了壮丁，放下烟枪，换上步枪。更不可思议的是，当时重庆公共浴室允许携家眷同浴，虽然正常，但不合礼数，有碍风化，重庆警察局特于 1939 年发布公告，取缔男女同浴习俗，让人们的一些不良风气，逐渐得以改正。

就在这样的背景下，1940 年的重庆举办了有史以来的第一场时装秀。这场秀没有 T 台、灯光和地毯，在露天街头进行，却观者如云，被围得水泄不通。不仅因为这是重庆的"第一次"，还因为模特儿是赫赫有名的宋氏三姐妹，即宋蔼龄、宋庆龄和宋美龄。她们戴着大檐帽，穿着具有中国特色的旗袍，落落大方，风情万千。

其实这场旗袍秀，只是重庆时尚生活的一个缩影，重庆人或者居住在当地的外地人，不仅恋上了美食，生活方式和思想观念也发生了巨大变化。

2. 潮流之地会仙桥

抗战时期，重庆民风日开，大量外来者带来了全新的服饰理念，既新潮又方便，重庆民众在服饰打扮上群起而效之。当时重庆男士最为时髦的打扮，就是长衫配西裤，脚上则穿皮鞋；妇女穿旗袍，配以长袜，更有时髦者则涂口红，烫头发。中西结合，成为抗战时期重庆男女的时尚风潮。

当时，会仙桥开了一家名为老巴黎的理发厅和心心咖啡厅，一时成了重庆的潮流之地。老巴黎的理发设备都是美国货，都是电动器具，男士电剪、女士烫发，后者发式有波浪式和螺旋式，极为洋派和新潮。

外观打扮完毕，心情愉悦的男女们，有的则会去心心咖啡店打发时间。咖啡店大门上用红色字体写着"心心"，大门则是压花玻璃所制，配以弹簧，灵活开关。这里不仅卖咖啡，还有红茶、牛奶、可可之类，以及琳琅满目的西点。

据中西餐食业同业公会会员名册记载，该公会 260 余户会员中有沙利文、心心咖啡店等西餐厅、咖啡店 30 余户。心心咖啡店只是其中一家。

如果说这些都是"小众"人群消费的话，也有大众人群的娱乐方式，比如溜冰。滑冰场大都设在公园内，门票低廉，又是时尚运动，男女老少十分喜好，在滑冰场嬉戏追逐，悠然自乐。

3. 新式婚礼频繁举行

随着重庆成为战时首都，社会日益开放，以"父母之命，媒妁之言"为主的传统婚姻，逐渐被打破，取而代之的是新式婚姻。

以前待字闺中的女性是不能随意出入社交场合的，婚姻讲究门当户对、指腹为婚，包办为主，甚至有的是近亲表兄妹，这就有点乱套了。国民政府迁都重庆，各国大使馆也迁渝办公，社会风气大受影响，加之国民政府提倡"新生活运动"，男女青年不仅自由恋爱，勇敢地追求幸福，还在结婚形式上推陈出新。

先是中西式婚礼合璧，分为上半场和下半场。上半场为西式婚礼，由教会牧师为新人证婚，说完祷告词后，问新郎新娘是否愿意接受对方。互相说完"我愿意"之后双方交换戒指，接吻，签字后婚礼便具法律效力。西式婚礼完毕后，这对新人又乘轿赶往尊重旧礼教的双方家，举行下半场的中式婚礼。当然须先去当局有关部门办理结婚证才可。

中式婚礼就烦琐了，新郎将先到女方家迎亲，一路燃放鞭炮以示庆贺。新郎到时，先打赏伴娘红包，再进入女方家。此时，新娘之闺中密友要拦住新郎，不准其见到新娘，女方可提出条件要新郎答应，通过后才得进入。然后是拜别，新人上香祭祖，新娘要叩拜父母道别，并由母亲盖上盖头，而新郎要鞠躬行礼后才能离去。

1939年起，重庆开始流行新式的集体婚礼，省去了传统婚礼的繁文缛节，新郎穿中山装，新娘着旗袍，或新郎穿西装，新娘披婚纱，在大庭广众之中举行。仪式由主持人掌握，并有摄影师拍下整个过程，场面热烈而引人注目。

无论哪一种婚礼，最后都免不了请亲朋好友或同事知己吃顿饭，规模有大有小，档次有高有低，这似乎也间接促进了当时重庆餐饮业的繁荣。

4. 文艺创作高潮迭起

抗战时期重庆文化名人和著名学者、剧作家云集，使抗日民主文化得到空前的繁荣和发展，其中不乏美食家，如郭沫若、梁实秋、张大千等，经过他们口耳相传或以文传播，重庆美食更加声名远扬。同时因美食和酒的"激励"，这些大家们文思泉涌，创作了不少脍炙人口的作品。

抗战期间在重庆工作过的著名剧作家有郭沫若、阳翰笙、田汉、夏衍、洪深、老舍、曹禺、陈白尘、马彦祥、吴祖光、欧阳予倩、李健吾、袁牧之、凤子等。

1938年10月，重庆举办了第一届戏剧节，持续23天，有500余名戏剧工作者参加了演出活动。戏剧节采取了盛大的街头演出形式，25支演出队同时出动，观众达数十万人，盛况空前。1939年元旦重庆戏剧界又举行了盛大的火炬游行，晚上，2800多名戏剧界人士高举火炬彩灯在重庆市中区游行，并表演了由7个剧目组成的《抗战建国进行曲》。1940年10月，全国剧协又在重庆举办了第二届戏剧节，这次有15个话剧团和8个其他剧种的剧团参加公演，演出剧目以宣传抗日救国为主。

随着抗战的深入，中国诗坛叙事长诗开始兴盛起来。其间，诞生了艾青的《向太阳》与《火把》、臧克家的《感情的野马》与《古树的花朵》、力扬的《射虎者及其家族》、王亚平的《二岗兵》与《塑像》、老舍的《剑北篇》等力作。

当时小说创作也异常繁荣，涌现出了众多广为流传的名作，如茅盾的《霜叶红似二月花》《腐蚀》等长篇小说；巴金的短篇小说《还魂草》、中篇小说《寒夜》和长篇小说《火》等；老舍的短篇小说集《火车集》和长篇小说《火葬》，以及《四世同堂》的一部分；夏衍的长篇小说《春寒》；靳以的短篇小说集《洪流》等。

那时，以聂耳为先驱的重庆音乐界也达到了一个新的高潮。1938 年 12 月，中华全国音乐界抗敌协会在重庆成立。1939 年底还在重庆成立国立音乐学院及音乐学院实验管弦乐团。这时期成立的音乐团体还有中华交响乐团、山城合唱团、重庆业余交响乐团等。这些团体和机构积极组织群众性的抗日救亡音乐活动，使音乐歌咏活动空前活跃。

5. 明星与美食碰出火花

抗战时期，大批电影工作者云集重庆，重庆电影事业进入高潮。著名演员有赵丹、白杨、张瑞芳、舒绣文、吴茵、秦怡、陶金、项堃、顾而已、魏鹤龄、沙莉等。

先后迁来重庆的有中央电影摄影场（简称"中电"）和中国电影制片厂（简称"中制"），吸引了一大批从各地撤退到重庆的爱国进步的电影工作者加盟。重庆电影界以宣传抗日救国为己任，成为抗战电影的中流砥柱。从抗战爆发到 1941 年，"中电"总共出品电影 77 种，其中故事片有《孤城喋血》《中华儿女》《北战场精忠录》《长空万里》等 5 种，抗战实录片有《淞沪前线》《克复台儿庄》等 9 种，专题新闻片有《卢沟桥事件》等 18 种，新闻报道片 31 种，纪录片有《我们的南京》《重庆的防空》等 10 种，歌唱短片有《爱国歌唱集》等 4 种。而"中制"在这 4 年间共出品电影 60 多种，其中故事片有《热血忠魂》《八百壮士》《孤岛天堂》《好丈夫》《东亚之光》《白云故乡》《保家乡》《胜利进行曲》等 10 种，抗战实录片 7 种，军事教育纪录片 5 种，专题片 8 种，标语卡通片 6 种，歌唱片 7 种，纯新闻片 18 种。

在上述电影或纪录片中，不少画面都与重庆有关，具有重庆特色的吊脚楼也时常出现在镜头中，很是鼓舞大后方人民的士气。而扮演剧中人物的电影明星们，也经常在拍片之余，漫步山城的大街小巷，找一家餐馆，品一下美食。

当时重庆有一家名叫竹林小餐的风味餐馆（1958 年更名为小竹林餐厅），

以经营成都风味的小份菜扬名，著名菜肴有连锅汤、回锅香肠等，其中尤以蒜泥白肉为代表。以前祭祖时需用白肉（也称福肉，祭祖后家人蘸酱吃）。这道菜的做法是先将后臀肉洗净放入姜、葱煮后捞起切片，再用新鲜绿豆芽做辅垫，再加辣椒、蒜泥、秘制红油，搅拌均匀即可食用。

小竹林根据重庆饮食突出麻辣的特点，所做蒜泥白肉，辣香爽口，色泽鲜亮，格外受食客青睐。当时的电影明星秦怡、张瑞芳、白杨等人，在小竹林吃饭时，对蒜泥白肉一见如故，与美食擦出火花，消息不胫而走，蒜泥白肉因此成为一道名菜。

6. 抗战电影不忘辣椒

抗战结束后在重庆拍的电影《一江春水向东流》，具有鲜明的重庆特色，镜头中不时出现千厮门或临江门的场景，有时还能听见充满市井风味的小贩吆喝声："炒米——糖——开水——"当然，更让观众印象深刻的，是剧中有关辣椒的镜头和台词。

辣椒是渝派川菜中不可或缺的食材，但是很多人不知道的是，辣椒出现在菜肴之中，颇费了一些周折。最早的巴蜀人不吃辣，据魏文帝曹丕《与朝臣诏》记述："新城孟太守道，蜀猪朋鸡鹜味皆味淡，故蜀人作食，喜着饴蜜。"是说当时的巴蜀人喜欢在菜肴里加糖和蜜。

作为古代烹饪中常见的调料"蜜"，如今在烹饪中几乎不用，取而代之的是蔗糖和饴糖。到了五胡十六国，据《华阳国志》记载："其辰值未，故尚滋味；德在少昊，故好辛香。"巴蜀人的口味此时变了，有点重口味了，喜欢带有刺激性的辛辣香味。其实，此时的辛辣香味指的是花椒、姜和茱萸，并非辣椒。蜀地产姜、花椒和茱萸历史较早，可追溯到战国末年和三国时期，秦国丞相吕不韦《吕氏春秋》、三国时陆玑《毛诗草木鸟兽虫鱼疏》、三国华佗弟子所著《吴氏本草经》均有记载。

辣椒是从美洲传入中国的，这一点似无争论。时间大约是明朝末年，明代高濂在《遵生八笺》有此记载："番椒丛生，白花，果俨似秃笔头，味辣色红，甚可观。"辣椒进入中国有两条道路，一是通过丝绸之路，从西亚进入甘肃、陕西等地；一是经过马六甲海峡进入南中国，在南方的云南、广西和贵州等地栽培，然后逐渐向全国扩散。

乾隆年间始，贵州开始大量食用辣椒，到嘉庆年间，辣椒种植逐渐在黔、湘、川、赣等地方普遍起来。清代末年贵州地区因为山高坡陡，气候寒冷，当地人吃饭时爱用盐块加海椒作蘸水，吃包谷饭，菜为豆花，以此让身体燥热，抵御寒冷。

巴蜀大地食用辣椒略晚，大致在同治年间才有食用辣椒的习惯。据清代末年徐心余在《蜀游闻见录》中记载："惟川人食椒，须择极辣者，且每饭每菜，非椒不可。"此时辣椒已成为菜肴中的主要食材，人们把吃辣椒当作重要的饮食习惯。

7. 大厨们的戏剧爱好

旧时厨师不少是"票友"，对戏剧艺术情有独钟。其实也不奇怪，烹饪也是一门艺术，具有独特的民族特色和浓郁的东方魅力，实用目的与审美价值相结合。所以才有"厨师的汤，戏子的腔"一说。

两门艺术如此紧密，自然也让从业者彼此欣赏，甚至惺惺相惜。如同重庆开埠，成为餐饮走向辉煌的开端一样，川剧也兴盛于清末民初，那时几乎没有剧院，大都在庙观演出，如朝天门朝天观、南纪门罗祖庙、东水门梅阁庙、中华路张爷庙等。后戏班子与茶馆合作，茶客吃茶的钱中包含看戏的钱，边喝茶边看戏，一举两得，皆大欢喜。

"老重庆的戏园子，有种边看戏边有小贩兜售食物的习俗。光线很暗，戏台上头版角儿在唱高腔《白蛇传》。游湖。船儿靠岸了，下起雨来，白素贞叫小青把油纸伞撑开……观众看得入神，为演员的表演所倾倒，因为演员皆是川剧界大腕，许倩云饰白娘子，袁玉堃饰许仙……啪！一块热毛巾在眼前如飞碟般一晃，径直落在你的手上，'香烟瓜子花生米五香牛肉干，各位来不来上一包？'小贩走来，吆喝声压得很低，但烦心啊！你正想看白素贞怎样对许仙抛媚眼儿，怎样将油纸伞搭在许仙头顶，却被热毛巾和五香牛肉干败了兴致。"老重庆丛书《巴渝食趣》对此描写道。

抗战时期，挽救民族危亡成为时代的主旋律，重庆川剧界也推出了不少"时装川剧"。著名爱国实业家卢作孚在北碚设立了"峡防局游艺班"，后更名为"抗敌宣传队"，并将著名剧作家田汉的话剧《放下你的鞭子》改编为"时装川剧"。每次演出现场气氛热烈，观众群情激昂，也许在他们中间就有酷爱川戏的曾亚光、徐德章、刘应祥等人。

第十五章 在茶馆领略重庆风情

1. 各行业均有茶馆

旧时老茶馆与现在不同，内容丰富，热闹非凡。与饮食业一样，抗战时期的重庆茶馆也达到了鼎盛。本地人之外，更多的外地移民入乡随俗，养成了泡茶馆的习惯。

重庆厨界更是热衷于此道，每天不抽点时间去泡茶馆，与同行或者好友吹吹龙门阵，浑身就好像缺少力气似的。当年曾亚光从外地回到重庆，重新认识这座阔别多年的城市，就是先在茶馆听人介绍的。他后来加入小洞天，与师兄熊维卿、廖青廷交流信息、商议工作，多数时间也都是在茶馆。

他们常去的茶馆在大阳沟雷祖庙，由餐饮业公会所开。这里的茶客大多带着白围裙和菜刀，既喝茶闲聊又交流行业信息，完了要么直接上班，要么等待雇主聘用。本书第一章有关的"包席担"介绍的就是后者的情况。

热闹和谐的茶馆（漫画）

当然像熊维卿、廖青廷、曾亚光这样功成名就的大师，不是开有自己的餐馆，就是本身是重庆著名饭店的主厨，哪还用得着在此揽活、找事做？无非喝茶聊天或者会友、议事。

最初茶馆多为袍哥所开，到20世纪三四十年代，重庆百多个同业公会都开有自己的行业帮口茶馆。棉纱业在棉花街开有"陆玉成茶馆"；鞋帮业茶馆在县城隍庙，即现在二府衙巷口望龙门对面，另有一个府城隍庙位于道门口。

石、木、泥、竹业供奉鲁班，茶馆开在鲁祖庙外面；屠宰业茶馆设在张飞庙，即今中华路第二实验小学内；油脂干菜业茶馆设在鱼市街，取名"上三元茶馆"，即现在民权路与民生路交汇处；粮食业茶馆设在较场口米亭子，因为粮食生意在此交易而得名；理发业茶馆设在南纪门，供奉罗祖。

香烟业茶馆也分散在米亭子一带，因为香烟由烟草局专卖，在茶馆交易的香烟，大都属于非法性质。抗战胜利后，这里则建为"纸烟市场大楼茶馆"，在第三层还设有广播电台"谷声"，这也是重庆首开先河的民营电台。

2. 饮茶历史悠久

"领略巴黎的风情在咖啡馆，领略重庆的风情在茶馆。"抗战时寓居重庆的一位作家在香港《星岛旅游》杂志上，对重庆茶馆进行了如此诗意的描绘。

饮茶习俗是重庆独特的一种文化现象，源远流长，历史悠久。据《华阳国志·巴志》记载，"涪陵郡，巴之南鄙……无蚕桑，少文学，惟产茶"。说明重庆在晋代之前就已经开始种植生产茶叶了。又据唐代陆羽所著《茶经》记述："茶者，南方之嘉木也……巴山峡川有两人合抱者。"西汉王褒在《僮约》一书中，对古代巴人烹茶待客的情景，也做了生动而形象的描述："舍中有客，提壶行酤……烹茶尽具，已而盖藏。"

重庆种植茶叶历史久远，种类众多，近60种，有香山贡茶、龙珠茶、绿饼茶、鸡鸣贡茶等，均为历史名茶，包括后来的巴南银针、缙云毛峰、永川秀芽等绿茶，大都赫赫有名。在这样一个有着悠久历史的"茶叶之城"，不仅重庆大街小巷遍布茶馆，连乡下镇场也开有大量茶馆，因此旧时重庆以"三多"闻名，即城门多、寺庙多和茶馆多。

北方茶馆大多在室内，高桌长凳，用大瓷茶壶泡茶。茶客喝茶时，各取一个小杯放在面前，再把瓷壶中的茶水倒在杯里，像喝水一样灌。如此方式喝茶，类似解渴，无法品味，毫无诗意，一点儿没有重庆茶馆的风韵和意境。

重庆有茶楼，也有坝坝茶，还有在公园一角挂一个"茶"字招牌，放几张凳子的露天茶馆。抗战时期，重庆根据独特的地理风貌，开设了不少风光旖旎的吊脚楼茶馆。人们喝茶时，习惯坐竹质凳子，有的还是竹躺椅，面前放一个小茶几，或躺或坐，随心所欲，想坐多久就坐多久，老板从不下逐客令。

重庆人喝茶爱用"盖碗"，品茗时用杯盖拂去水面浮叶，轻抿一口，清香四溢，神清气爽。"盖碗"产自巴蜀，据传由唐代建中年间川西节度使崔宁的女儿发明。"盖碗"端着不烫手，形状古朴，具有独特的地方风味。

重庆茶馆主要经营沱茶和花茶，后者又称"香片"，也有不喝茶喝白开水的，重庆饮茶如此讲究，对白开水也有一个雅称："玻璃"。重庆人偏爱沱茶，因其味浓、温热，经得起泡，喝大半天也不褪色，味道同样浓厚。

两江环抱的重庆，喝茶还有一个得天独厚的自然优势：水好。长江、嘉陵江绵绵不断，滔滔不绝，茶馆也遍地丛生。这也给一些茶馆带来启发，打出"河水香茶"招牌，以吸引人们光顾。

3. 茶馆各有特色

旧时重庆茶馆特色分明，除前述各行业均开有帮口茶馆外，在星罗棋布的山城大街小巷，还有不少定位不一、经营不同的特色茶馆。

长亭茶馆位于"中央公园"（今人民公园），依山而建，翘角飞檐，环境优雅，景色秀美。据一位署名素公的作者在他所写《山城忆旧：重庆茶馆亲历记》一文中称：长亭茶馆内设雅座，凭栏远望，南岸狮子山、塗山、真武山、汪山（今南山）、黄山、老君洞等人文景观尽收眼底。

下面是滚滚长江，木船和巨轮来往穿梭，不时从江面飘来几声汽笛，加上茶客挂的笼鸟竞唱，使人感到无限生趣。据老茶客说，茶馆初期，内悬一黑漆巨匾，上书"金碧山堂"四个金字，两旁李太白《菩萨蛮》句：何处是归程，长亭连短亭。气势雄伟，蔚为壮观。传为书法家余燮阳的墨宝。大门上榜书"长亭"二字，是当时流寓来渝鬻书之铜梁名士张绍舫手迹。张书深得"郑文公碑"精髓。这里明窗净几，茂林修竹，茶客中不乏高人雅士。抗战时期，郭沫若、田汉、阳翰笙等，均常来此品茗谈心。

与长亭茶馆类似的文艺茶馆，在当时的重庆也不少。抗战爆发后，各地文学艺术界人士齐聚山城，交流创作体会、畅谈作品构思、展望书籍出版，大都邀请朋友品茗分享，而清静闲适的茶馆便成了最好的去处。这类茶馆有位于七星岗的

"中心茶社"、中山二路的"青风茶馆"、会仙桥的"升平茶馆"。其中最为著名的当数大梁子青年会的"江山一览轩"茶社。经过著名新闻教育家顾执中的描写,后人得以一窥"江山一览轩"风貌:茶馆临江而建,窗外白帆点点,秀丽清幽,不仅是一个观景的平台,也是外界了解重庆风情的重要窗口。

4. 斑斓的戏剧舞台

重庆厨界人士爱听戏,除了正规剧场外,茶馆也是一个斑斓的舞台。事实上旧时传统茶馆,不仅喝茶、聊天、议事,更重要的是集各种娱乐功能于一体,如戏剧、曲艺和魔术等,让人流连忘返,乐在其中。

由于没有专业演出剧场,以前的戏剧主要是流动表演,有时是被有钱人家请去参加堂会,有时在乡场庙会上演出,有时则是在坝坝上演出。随着茶馆在重庆越开越多,颇有经营头脑的戏班子便与茶馆合作,采取驻场演出的办法,把看戏的钱包含在茶钱中,吃茶听戏两不误,倒也深得茶客欢迎。见此方式可行,其他戏班子争相效仿,吃茶看戏遂成为一种独特的文化现象。

据说在现较场口附近,有家名叫"翠芳"的茶园,就是重庆第一家吃茶看戏两不误的场所。接着是位于机房街(现五一路)的"悦合茶园"、龙王庙梅子坡(现民族路)的"琼仙茶园"等。这些特色茶馆,从早到晚三教九流云集,嘈杂喧嚣,热闹得很。每天"卖报""卖瓜子""卖花生""卖香烟"之声,此起彼伏,不绝于耳。

茶馆里的戏班子（漫画）

图为旧时人们在茶馆听戏品茗的场景。

茶馆除唱戏外,为了让茶客有新鲜感,时不时还会邀请评书高手到茶馆说书。"正生泰斗"张德成(川剧大师)爱坐茶馆,也爱唱上几句。重庆著名评书艺人程梓贤曾在《重庆掌故》中绘声绘色地说道:"这天晚黑,人们听说张德成要到米亭子茶馆唱玩友,茶馆头多早就挤满了,站起是人,坐起是人,连门口围起都是人……再说,今晚黑是陈兰亭师长坐桶子，范哈儿（范绍增）师长帮腔……"让人顿时有一种置身当年茶馆，热血沸腾之感。

5. 传统在新时代继续

重庆厨界大师们，喜欢喝茶看戏的不少。无论是民国时期，还是改革开放年代，一直保持着这样的传统。特别是喝茶，只要有时间，"每天早上6点多便开始泡茶馆。喝了之后，去吃豆花饭，加二两白酒，一个烧白。再去上班"。

2017年3月，徐德章、陈青云后人徐鲜荣、陈德生，在重庆百龄老友谊餐饮公司董事长吴强陪同下，回忆起父辈当年喝茶时的情景时，如是说："时间大致在20世纪七八十年代，一起的有曾亚光、徐德章、陈青云、陈志刚、吴海云、姜鹏程等几位大师，地点在著名的人民公园长亭茶馆。"

陈德生说："他们几个老头在一起，先是天南海北地吹龙门阵，眉飞色舞的，然后开始聊行业情况，谈到一定时候，该在哪点上班就各自到哪点上班。他们喝茶一般是早上6点到10点。"

徐鲜荣说："他们喝茶都是在一起互相交流技术，交流信息，谈的是工作上的事情，比如某种菜品，出来后是哪种样子，该哪个做法，如何改进和提升。中午、晚上基本上在屋头喝茶。"

吴海云的徒弟舒洪文，也曾谈到过师傅喝茶的往事。他说："师傅吴海云与同时代的几位烹饪大师，有坐茶馆的习惯。当时他们工作单位分散，有在两路口工作的，也有在上清寺上班的，但都爱跑到解放碑喝茶。他们一般早上五六点钟就去茶馆喝茶，一喝就是两三个小时，喝到8点钟，每个人心满意足了，又坐车回去上班。"

舒洪文说："这些烹饪大师依然保留着传统习惯，腰间挂着自己的菜刀。装在一个猪皮袋子里。袋子是把猪肉皮剔下来，晾干后做的一个皮套子。他们不仅吹龙门阵，还交流用工信息，比如说哪家餐厅差个墩子，哪个地方需要找个帮忙炒菜的，大家就分配差事，帮忙去做。"

时光荏苒，岁月如歌，往事并未随风。这些烹饪大师们，依然保留着当初的习惯，既喝茶聊天闲谈人生，又痴迷执着地用心工作。

第十六章 初入厨界，他们风华正茂

1. 陈志刚师出名门

1945 年抗日战争即将结束，时年 18 岁，出生于四川省简阳市的陈志刚，正在赶往成都的路上。此时的他，脸上满是希望和憧憬，同时又有一些忐忑不安，离开生活多年的家乡和关爱他的父母，只身前往成都，拜颐之时的罗国荣为师学习厨艺，会是怎样的结果？陈志刚暗下决心，一定全力以赴把握好这次机会，千万不要让牵挂他的亲人失望，不求衣锦还乡，只愿不要虚度年华。

其时颐之时餐馆已经名满巴蜀，餐馆创始人罗国荣更是一位传奇人物。他于 1911 年出生于四川新津县，家里祖辈都是农民，为了改变贫困生活，他拜成都名厨王海泉为师。时王海泉与人合开了一家饭馆叫"三合园"，专做包席。

在王海泉悉心调教下，罗国荣红白两案都学得精通。待他三年学厨期满时，按当时规定，要置办谢师宴并给师傅购买衣帽鞋袜和赠送红包等，他因为无钱做了四年也无法出师。幸好罗国荣大哥意深情重，又下得一手好象棋，便找当地一个富户赌棋，连赢三盘，兄弟的谢师宴总算办成了。

罗国荣出师之后，受同为王海泉徒弟的师兄黄绍清邀请，到成都"福华园"做工。黄绍清也是现代川菜史上的一代大家，"福华园"由他与人合开。他不仅给罗国荣提供实践平台，还悉心传授自己的厨艺，与罗国荣既是师兄弟又是师徒。数年后，罗国荣去了黄敬临的"姑姑筵"餐馆。罗国荣虽然没有正式拜黄敬临为师，但也接受了黄敬临不少的指点，从此眼界大开，厨艺大增。

1937 年，罗国荣先在重庆金融家丁次鹤（也有资料称：当时丁次鹤为 24 军驻渝办事处处长）家事厨，后又到时任 24 军军长刘文辉开设在重庆康宁路 3 号的小园餐厅主厨。其实此前，罗国荣曾因给刘文辉操办宴席而大受赞赏，遂被刘文辉聘为家厨。这次是第二次合作。

虽然待遇丰厚，毕竟寄人篱下，1940 年罗国荣回到成都，创立了颐之时餐馆。颐之时菜品丰富，味道好，加上罗国荣曾在刘文辉和丁次鹤家里做过家厨，因此一时成为四川上层社会热捧的餐馆。当时国民党财政部长孔祥熙曾在颐之时设宴，两桌酒席每桌 60 大洋，虽然昂贵，但孔祥熙吃后非常满意，又邀其妹夫蒋介石去吃，并有国民党元老林森作陪。林森吃后同样满意，便写了一块"川菜圣手"的匾送给罗国荣。

陈志刚跟着这样一位名师学艺，打下了扎实的功底，不仅精通川菜技术，还旁通粤菜、江浙菜和西菜的制作，尤其擅长炉子，在日后的厨界大放光芒。

2."轰炸东京"到底是谁的杰作

关于罗国荣，他还与重庆餐饮史上一道"公案"有关，在此正好论证一下。抗战时期，日本飞机对重庆进行了长达数年的轰炸，重庆人民对日寇极为愤慨。于是有餐馆为此发明了一道菜名叫"轰炸东京"，一时火爆重庆，一夜走红。

至于谁是这道菜的发明者，说法不一。有人说由罗国荣发明，原因是他曾参师的黄敬临，在日机轰炸重庆时，因惊吓而死。罗国荣为此悲愤交加，遂将一盘带汤的海参迅速浇到另一盘油炸好的锅巴上，即"锅巴海参"，表达对日寇的愤

川菜烹饪泰斗罗国荣代表菜品：锅巴海参

怒，并以此缅怀黄敬临。

另有一种说法是，"轰炸东京"实为锅巴虾仁，素有"天下第一菜"之称。据说这道菜颇有来历，盖因乾隆皇帝下江南时，曾在无锡某小店吃过这道菜，顿感味美色佳，吃后意犹未尽、回味无穷，乾隆兴致大好，称赞此菜"可称天下第一"。也有人说"锅巴虾仁"为陈果夫任江苏省主席期间，名厨为其精心研制而成，原叫"平地一声雷"。抗战期间，随迁移到重庆的江苏餐馆而来，后改名为"轰炸东京"。

还有一种说法是，"轰炸东京"原型为锅巴海参，也是当时重庆"凯歌归"餐厅的一道招牌菜。据陈兰荪所写《李岳阳开"凯歌归"餐厅》一文所述：1944年6月16日这天，"凯歌归"老板李岳阳和白玫瑰餐厅老板唐绍武，无事闲聊，政府防空专家丁荣灿少将兴冲冲地跑来说，美国B29轰炸机，已于当天零点起飞，首次轰炸日本本土的钢铁中心八幡市。李岳阳和唐绍武兴奋异常，猛然想起了"凯歌归"的锅巴海参，便叫人把炸得酥脆的锅巴放在大盘中央，再把一大碗滚烫的海参汤从上往下"淋"，一条条海参就像是一个个炸弹，从天而降；而酥脆的锅巴则立马发出"咔嚓""咔嚓"的响声，颇有"轰炸"之势。"轰炸东京"因而得名，并成为"陪都第一名菜"。

由此可见，关于谁是"轰炸东京"的首创者，众说纷纭，似无定论，各方说法似乎都有一定道理。然而时过境迁，当事者均不在人世，在此争论似乎毫无意义。就当是那个特殊的年代，国人对日寇的一种泄愤方式，并终因战胜日寇而扬眉吐气。

3. 陈文利："码头"走出来的名厨

陈文利除厨艺高明外，还留给同行两大印象：一是力气大，一担150斤重的大米挑在肩上，健步如飞，轻松自如；二是酒量好，一顿饭下来，一斤白酒轻轻松松就下肚了，面不改色，谈吐依旧。

陈文利1932年出生，家里穷，读不起书，面对未来，不知路在何方。人活在世上，总得要生存，所幸陈文利天生一副好身板，身强体壮，有的是力气。待他十几岁时，重庆已是有名的大城市和繁华的水码头，需要大量像陈文利这样年轻力壮的"大力士"。于是，他便到码头上去当了一名工人。

码头上货物繁多，搬运工人没有底薪，工钱结算采取计件制，即扛一袋货给多少钱。陈文利为了多挣钱，几乎从不停歇，一袋又一袋地扛运货物，直到一天工作结束。华灯闪烁，累了一天的陈文利，回到家中炒一两盘素菜，就着一壶白酒，便喝了起来。白酒解乏又促进睡眠，久而久之，他酒量大增，每天不喝那么一点，便浑身难受。

当码头工人卖的是力气，也只有年轻人才吃得消，不可能干一辈子。陈文利出于长远考虑，便在熟人介绍下，到重庆当时著名餐厅白玫瑰学厨，师从老板辛之奭。白玫瑰有不少重庆名厨在那儿事厨过，如周海秋、唐志云、熊青云等，陈文利在白玫瑰凭借吃苦耐劳、谦虚好学的精神，深得辛之奭信任，辛之奭耐心教他厨艺，让陈文利得以掌握过硬的厨艺技术，最终成为重庆名厨。

陈文利刀功一流，与吴海云一样擅长拖刀。还有他发制海参也有绝技，他把谷草放在锅底，上面再放海参，锅里盛满水泡制，待时间一长，谷草里的草碱便渗透出来了。这样一来，海参不仅质量上乘，而且至少涨一斤。由此细节，可见陈文利烹饪功底之深厚、技术之全面。

4. 何玉柱：小众专业系统化的开创者

以前点心只是达官贵人奢侈生活的一种"点缀"，不在于填饱肚子，而是闲

渝菜烹饪大师何玉柱代表菜品：荷花酥

适生活的象征，喝咖啡品茗时，偶尔浅尝辄止，即使慢咽细嚼几口，也是做做样子，更多的是品尝一下味道而已。

点心不同于小吃。点心以南方为代表，并以苏式点心和粤式点心为主，小巧细腻，美观精致。点心还包括西点，以烘焙为主，而中点则以蒸、炸、煮、煎为主，两者在烹制上有很大区别。小吃则以巴蜀为代表，比如凉粉、凉面、担担面之类，以填饱肚子为主，略显粗犷一些。

旧时的餐饮业，没有专门的点心师傅。制作点心作为一个配套的专业，交由白案师傅打理。何玉柱的出现，彻底改变了这一状况，他把小众饮食大众化，并将制作点心做成了一个系统化的专业，何玉柱也因此成为重庆厨界的著名人物。

何玉柱，重庆人，1935年出生在北碚。一位做点心的河南人，抗战时到重庆后与何玉柱姐姐结了婚，后来在现重庆宾馆对门开办了利华食品厂。临近解放，时年15岁的何玉柱，便从北碚来到重庆，在利华食品厂跟着姐夫学做点心。解放后公私合营，何玉柱被调到国营第一餐厅，即解放前的皇后餐厅、后来的民族路餐厅工作。在这里，他又拜蔡树卿为师，继续深入学习点心制作。

蔡树卿是湖北人，抗战时从武汉来到重庆，在点心制作上颇有经验。他教何玉柱制作湖北风味点心和小吃，让何玉柱的技艺更为丰富。以前的点心师傅，每个人都能做一两个招牌品种，但大都保守，不轻易外传。何玉柱对人尊敬有加，态度谦逊，大家对他都很认同，便放手教他。何玉柱也因此技术全面，不仅制作中式点心得心应手，制作西式点心也同样精通。在此基础上，他把做点心这一以前很小的专业，饮食的配套专业，发展成为一个系统的技术工程。

5. 李跃华：拒当"壮丁"去学厨

李跃华，四川隆昌人，出生于1931年。他在兄妹三人中排行老大，与同代人或者前辈因为家境贫寒学厨不同，李跃华出身富农家庭，较为殷实，从小不愁吃穿，还能在小伙伴们羡慕的眼光中，穿着干净的衣服，在当地一家有名望的私塾，熟读《三字经》《百家姓》等。

所谓"天有不测风云，人有旦夕祸福"。20世纪30年代，社会动荡，战乱不断。此时，李跃华的父亲身体羸弱，最终独木难支，造成家道中落，生活陷入困境。当时李跃华三兄妹尚小，无力扭转家庭命运，只能眼睁睁地看着家庭由盛到衰，

渝菜烹饪大师李跃华（烹协供图）

他们从衣食无忧的富家子弟沦落为度日如年的穷小子。

为了养家糊口，李跃华的母亲只能含泪离开尚未长大的三个孩子，到重庆给有钱人家帮工。母亲一走，照顾兄妹的责任便落在了李跃华肩上，他无奈地结束了私塾学业，一边在好心人的帮助下找一些零活干，一边依靠邻里接济勉强度日。

这样的苦日子一过就是好几年，李跃华也从一个孩童，成长为一个14岁的饱经风霜的少年。他想去重庆找母亲，大城市机会多，找一个糊口的事做，肯定也比在相对偏僻的隆昌容易一些。此时是1946年，正处于解放战争时期，正待李跃华准备动身的时候，他被国民党军队强行抓了"壮丁"，要被送往前线去当炮灰。李跃华悲愤交加，自然不愿为国民党卖命。于是就在拉他当"壮丁"的国民党军队开拔前夜，他神奇般地逃了出来。

李跃华历尽磨难，几经辗转，终于逃到重庆，找到了日思夜想的母亲。母子相见，抱头痛哭，各自诉说着分别后的艰辛。母亲擦干眼泪，问李跃华有何打算。李跃华说隆昌是回不去了，不然又要被"抓壮丁"，在重庆有什么事做就做什么事，能解决温饱就行。母亲说那就去学厨吧，这个行业至少有饭吃。就这样，李跃华经人介绍去了麦香村饭店学厨。

在麦香村饭店，李跃华跟着颜银洲学习厨艺，后又拜师"万利小餐"的张成武，学习墩炉技术。李跃华尊师重道、勤奋好学，三年后就具有了很高的烹饪技术，先后被美泰饭店、芙蓉餐厅等邀请事厨。

6. 咸菜专家黄代彬

烹饪行业可以说百花齐放、满园春色，其中冷菜、咸菜烹制独树一帜，也占据着十分重要的位置。咸菜不仅作为开胃菜、下饭菜食用，还是菜肴烹制中必不

渝菜烹饪大师黄代彬代表冷菜：蒜泥黄瓜

可少的辅助原料。

在这方面，黄代彬绝对是一位高手。他 1923 年出生，四川省简阳市人，15岁时在成都打金街群益饭店拜陈辉儒为师，学习厨艺，后在成都教门馆、清洁食堂和重庆万利小餐、小竹林等食堂当招待。因为对咸菜制作情有独钟，黄代彬便开始专注于此行，并取得了不凡业绩。比如，泡青菜加红糖就是他的一大特色。一般泡青菜是不加红糖的，黄代彬来自成都，与重庆相比，成都口味清淡、温和，所做泡菜大都加糖，泡青菜加红糖、泡海椒放冰糖，这些看似不起眼的细节，却让泡菜风味独特，别有口感，不仅色香味俱佳，经年不变色，不走味，还鲜如初摘，脆爽可口。

黄代彬后又在重庆饭店、粤香村、味苑餐厅任厨师，冷菜代表作品有：麻酱笋尖、红油黄丝、鱼香蚕豆、盐水花仁、糖醋豌豆、蒜泥黄瓜等。

7. 陈述文：招待大师，精通英语

陈述文绝对是重庆餐饮行业不可忽视的一个人物，在厨师文化程度普遍不高的时代，他虽然也没读过什么书，却精通英语，注重礼仪，把接待当作一门艺术，让服务行业更具文化色彩，也因此脱颖而出，独领风骚。

陈述文，1931 年出生，四川省内江市人。13 岁时到重庆沙坪坝区天来福饭店当学徒，后到松鹤楼当招待。招待工作迎来送往，看似简单，其实不然。比如称呼，国际上，对男子通常称先生，对女子通常称夫人、女士、小姐。其中对已婚女子称夫人，对未婚女子称小姐；而对不了解婚姻状况的女子可称小姐，年纪稍大的可称女士。对地位高的官方人士，可直接称其职务。

就这点，很能看出一个招待的本事。首先要根据对方年龄、形象和气质等特征，判断出对方身份，并加以称呼，还要表现得彬彬有礼、温文尔雅，既热情礼貌，又不卑躬屈膝。

陈述文能够轻松胜任，这得益于他的先天素质和后天努力。他曾拜重庆生生农产股份有限公司餐厅李道中为师，学习西餐接待技术和英语。中西文化的交融和影响，让陈述文脱胎换骨，素质有很大提高，因此他在民国时期的重庆颇受欢迎。先后有重庆柏林中西餐厅、俄国西餐厅、绿野音乐餐厅、皇后音乐舞厅等处请他去当招待，他都出色地完成了工作任务。

第十七章 吴万里：学艺不忘读历史

1.从内江迁居重庆

1946 年，抗日战争已经胜利结束，时年 13 岁的吴万里，如同重庆早期经历坎坷的其他厨艺大师一样，也选择了烹饪之路，并由此登上历史舞台，书写了光荣和梦想的篇章。

吴万里 1933 年出生，四川省内江市人。据《华阳国志》记载：汉安县（今内江市市中区），山水特美好，宜蚕桑，有盐井鱼池以百数，家家有焉，一郡丰沃。由此可见，内江物产丰饶、土地肥沃，不失为山清水秀的鱼米之乡。

1911 年辛亥革命结束了清王朝在内江市的统治，但不久北洋军阀窃取了革命果实，内江市很快又成了讨袁的护国战争、反段的南北护法之战和四川军阀防区割据的争夺中心，拉扶派款、战祸连绵，占领军不断更替，百姓不堪重负，社会极其动荡。

渝菜烹饪泰斗吴万里代表作品：干烧江团

在此背景下，"鱼米之乡"早已失去往日之辉煌，人们正常生活都难以为继，无奈之中，吴万里的父亲便迁居重庆，希望能在这里开启另一段生活。

父亲的迁居之举，实属被迫，但在客观上却为儿子日后在重庆烹饪界大展宏图提供了机会，也为20世纪七八十年代凋敝的重庆餐饮业扭转乾坤、重铸辉煌提供了契机。

人的命运就如同历史一样，漫不经心地拐一个弯，结局就截然不同。当年少的吴万里随着父亲茫然地走向重庆这座陌生的城市之时，他肯定想不到，当时已在重庆厨界叱咤风云、大名鼎鼎的人物，如廖青廷、周海秋等，会在多年以后与他发生交集。

2. 经营咸菜的小生意人

吴万里最早与烹饪发生关系，是因为父亲经营咸菜。关于咸菜，作为中国古代诗歌开端的《诗经》中曾有如此诗句："中田有庐，疆场有瓜。是剥是菹，献之皇祖。"庐和瓜是蔬菜，"剥"和"菹"是加工蔬菜的方法。据东汉许镇《说文解字》解释"菹，酢菜也"，菹指腌菜、酸菜。《商书·说命》记载有"欲作和羹，尔惟盐梅"，这说明早在商代武丁时期，百姓们就用盐来渍梅烹饪。由此可见，我国的咸菜应早于《诗经》时期，应起源于3100年前的商周时期。

咸菜历史悠久，流传广泛，几乎家家会做，甚至在筵席上也要上几碟咸菜。但要把咸菜做好却不容易，吴万里的父亲却有如此本事，把看似不起眼的这道小菜，做得有滋有味、可口下饭。

《诗经》书封　　　　　泡朝天椒、泡姜　　　　　泡菜坛子

吴万里父亲腌制的咸菜，如嫩姜、嫩海椒，哪怕泡一年也鲜活不烂。以泡海椒为例，他通常选用朝天椒，把辣椒晒干，把多余水分去掉后，放入盐、白酒等调料，倒入热水冷却后的坛子内腌泡。其鲜活不烂的决窍，在于朝天椒入坛前，用针在辣椒表面分别扎 3～5 个小孔，这样盐分能够顺利渗入椒体，缩短腌制时间，而辣椒易于腐烂的现象也得以解决。

吴万里的父亲腌制的泡豇豆，也是一绝。他一般选用新鲜的长豇豆，很嫩的那种，洗净后放在太阳底下晒，使其干爽柔

御盛苑吴家菜坊（吴强供图）

软后再入坛。这样吃起来不仅爽脆，还味重开胃，街坊邻居挟一根泡豇豆，可以下完一碗饭，安逸得很。可能因为家族渊源，数十年后，当吴万里与其儿子吴强携手创建"御盛苑吴家菜坊"后，这家公馆菜风格的高档餐馆，除主打菜琳琅满目、丰富多彩外，自制的咸菜同样风味独特，让人赞不绝口。

虽然小本生意能解决温饱，吴万里的父亲却有远见，节衣缩食也要供儿子上学，希望他以后能够有所作为，不再像他一样摆摊卖咸菜。

3. 品质是这样炼成的

经营咸菜，毕竟本小利薄，一年到头所剩无几，清苦难持。纵然吴万里天资聪慧，从小学一年级读到五年级，还是因为家庭贫寒，不得不辍学。

这一年吴万里 13 岁，时间是 1946 年，幼小年纪的他，不得不离开他向往的学校，被迫走向复杂而艰辛的社会，去当学徒帮工。

吴万里学徒的第一站，是一家电料店。离开清贫但温暖的家庭，只身在外的吴万里，内心是孤独和寂寞的，但早熟的他却异常懂事，不在外人面前流露出想家之苦，而是把全部精力都放在了工作中，起早摸黑，勤勤恳恳，兢兢业业。

虽然不是学厨，只是在电料店打工，但与前者一样，身份都是学徒。按当时规矩，学徒只管有饭吃，没有一分钱工钱，而且，店里店外的事情都要干。天不

亮吴万里就要起床，淘米洗锅煮饭，待老板夫妇起床后，又手脚麻利地打扫老板居室和店面卫生。老板夫妇用完早餐，他赶紧收拾碗筷抹桌子，然后打开门面，开始做生意。

临近中午，又要去砍柴烧饭，待老板夫妇用完午餐，他收拾干净后，又接着去洗衣服、带娃儿，同时还要兼顾店面生意。那种连轴转的快节奏学徒工作，让小小年纪的吴万里，精疲力尽，头昏脑涨。但他没有退缩，也没有半句怨言，"吃得苦中苦，方为人上人"。他当时虽然不知道这句名言，更不解其意，却用行动诠释着这句话的含义，这培养了他意志坚定、百折不挠的坚强毅力和卓越品质。

然而付出不一定得到回报，吴万里不幸就遭受了这样不公正的待遇。那是一个掌灯时分，街上人头稀少，大家忙累了一天，都回家吃饭去了。老板叫吴万里把店门关了，准备打烊吃饭。吴万里年幼，身体单薄，力气小，上门板时对不起槽眼，老板一见，上前就给吴万里一巴掌，还凶巴巴地说："门都上不起，还出来找事做，白吃饭呀。"

没一分工钱，就只管饭吃，还做了那么多成人都难以承受的工作，得到的竟是如此结果，换谁谁都可能无法控制情绪，向老板大发脾气。但吴万里没有这样做，而是心平气和地忍受了下来。吴万里的气度和胸怀在这一刻得以完整的体现，而这一特质也贯穿他人生始终，并最终使他成为一代烹饪大家。

4. 学艺从副食店开始

一年后，吴万里来到菜园坝一家副食店当学徒。与电料店老板相比，这家老板判若两人，思想比较开通，对学徒不仅在工作中有所要求，对其业余生活和素质培训也很重视。

副食店老板写得一手好字，闲暇时间不仅自己练，还要求学徒练。就这样吴万里开始学习书法，先是在老板指点下掌握基本技法，如用笔、执笔和运腕等，再照着字帖临摹，最后笔走龙蛇，按自己喜欢的字体和风格书写。

21 世纪初，有电视台为吴万里拍摄了一部电视纪录片《重庆煮饭人》，片名由吴万里亲笔书写，字体为行楷，酣畅浑厚、雄健洒脱，颇有功底和气势。

除书法之外，副食店老板还要求徒工读书。每到夜晚，吴万里不顾一天工作的劳累，便喜滋滋地坐在昏暗的油灯下，打开老板借给他的书，一行行一页页，如饥似渴地阅读起来。这些书以英雄传记和诗文为主，如岳飞的《满江红》、文天祥的《正气歌》等。当然还有描写行侠仗义的传奇历史读物，如《包公案》《七侠五义》等，当然还包括《水浒传》《三国演义》等历史名著。

这些书既有可读性又充满正义感，让人在快意恩仇之中，油

《三国演义》书封　　　《水浒传》书封

然生起一种豪情壮志。"书是美味的佳肴，让人大快朵颐；书是甘醇的美酒，让人回味无穷。""书是小舟，能把人载到知识的海洋；书是钥匙，能打开通向成功的大门；书是路标，能指明人生道路上前进的方向。"确实如此，乐在其中的吴万里，不再孤独和寂寞，对未来满怀希望。慢慢地，读书培育了他自立的精神，并为他日后研究厨艺，奠定了文化根基。

这家小店对吴万里影响巨大，不仅让他学会了书法，写得一手好字，还让他博览群书，奠定了好学上进的基础。更重要的是，吴万里还在这里体验到了厨艺的美妙，他对烹饪另眼相看。这家副食店的老板娘做得一手好菜，对厨艺很考究，所做菜肴色香味俱全，每一天每一顿都不相同，吴万里大饱口福之余，深感烹饪文化博大精深、奇妙无穷，由此他对厨艺产生了极大的兴趣。

更让吴万里兴奋的是，他在老板提供的历史人物书籍中，还读到了不少与美食有关的故事。

5. 历史上的美食故事

"明月几时有，把酒问青天。不知天上宫阙，今夕是何年。"写这阕词的北宋大文豪苏东坡，同时也是一位美食家。

在老板提供给吴万里的书籍中，就有苏东坡与美食的故事。苏东坡被贬谪到黄州时，生活非常清苦，幸好当时黄州猪肉便宜，苏东坡不但经常买来吃，还亲自下厨烹制。他烹制的方法很简单，先将猪肉洗净后切成大块，再下锅加盐、酱、姜、椒等佐料，用文火把肉炖得酥烂，等水干了，肉色红艳即成。

高级烹调师进修班结业典礼（烹协供图）

　　图为渝菜烹饪泰斗吴万里（二排中）在重庆市烹协主办的高级烹调师进修班结业典礼上与学员们合影。

　　这样弄出来的肉，满口醇香，糯而不腻，很受人们称赞。再加上与苏东坡往来的都是当时一些名流，随着口碑相传，苏东坡所烹猪肉名气越来越大，便被人们冠之为"东坡肉"。

　　苏东坡还有一个与众不同之处，即他每创造一道菜，便要用文字加以详细记录。比如，苏东坡在文集中记录了他创造的一种吃鱼方法，即将鲜活的鲫鱼剖腹挖腮洗净后，冷水下锅，加入几根葱白，待鱼半熟时，再加生姜、萝卜汁、少量酒，待鱼熟时，再加入切成丝的橘皮，起锅食用。此鱼食之味道鲜美，其味无穷。

　　吴万里在老板提供的书籍中，还看到了陆游与美食有关的故事。陆游是南宋时期的著名文人，同样也是一位美食家。有次他在家里招待客人，把一只野鸡宰杀后，烫洗干净，剖腹去其内脏，再将鸡切成小块，加盐、椒、酱、姜等佐料码味，然后入锅用油炒，入味后放入鲜竹笋、蕨菜，加水烧制而成。客人们品尝后赞叹不已。

　　每当看到书中有此描述，吴万里在钦佩古代文人才华横溢的同时，不禁满口生津，对烹饪艺术更多了一份向往，这也为他以后成为拥有丰厚的实践和理论知识的烹饪教育家埋下了伏笔。

　　副食店之后，吴万里又到信义街一家糖店当伙计，直到后来重庆解放。1951年公私合营，吴万里到店员工会工作，几经周转，去了原联社食品厂，即后来的华山玉食品厂，1960年调到重庆市饮食服务公司工作。

　　在市饮食服务公司，吴万里后来担任了培训科科长。他为重庆面临凋敝甚至失传的烹饪技艺殚精竭虑、运筹帷幄，不仅让烹饪事业后继有人，也让重庆餐饮业重振山河，并为重庆餐饮业在新时期的辉煌，打下了坚实的基础。当然这是后话，后文将详述。

吴强与父亲（吴强供图）
　　图为重庆百龄老友谊餐饮文化公司董事长吴强与渝菜烹饪泰斗吴万里。

味澜世纪·上卷

第三部分·新中国再现「群英」风采

重庆饮食

　　新中国时期的烹饪大师，虽然受到各界尊重，但大都经受过"文革"磨难。20世纪七八十年代，重庆通过举办培训班和创办味苑餐厅（川菜培训站）等形式，让烹饪大师们再现风采，也让饮食文化后继有人、生生不息。

（1950—1979）

第十八章 廖青廷：传奇大师独秀于林

1. "范哈儿遇难"，廖青廷救场

临近重庆解放，名震山城的"七匹半围腰"廖青廷，终于历经千辛万苦从台湾回到了重庆。

这位天才大厨，因为 20 世纪 30 年代，给"哈儿师长"范绍增操办过 50 桌海参宴而声名大振，红极一时，也因此深得范绍增赏识。时不时范绍增便会派人把廖青廷请到范庄，弄几个拿手菜过过嘴瘾。

"范哈儿"在吃上讲究"新""奇""补"，以奢华为主，人参、虫草、燕窝、海参、熊掌等为家常便饭，所请家厨南北荟萃，个个身怀绝技。但是就是这样一个见多识广的吃家，加上"金牌厨师团队"，有一次却差点出了洋相，幸好有廖青廷救场，不然"范哈儿"的脸就丢大了。

事情是这样的，有一天，一位东北将领拜访范绍增，聊到吃上，说有一道雪蛤菜，好久没吃，据说范庄即"饭庄"，很想在此一饱口福。雪蛤产自东北山林之中，因耐寒，故得雪蛤之名，其体型酷似青蛙，但比青蛙大数倍。雪蛤为中国古籍菜谱所载八珍之一，肉质肥腻细嫩，味美鲜香，与熊掌齐名，是高档宴席的名贵原料，具有滋补强身功效。

"范哈儿"布置下去，家厨们都傻眼了，原材料有渠道买来，但谁也没有弄过这道菜。"哈儿师长"火了，养兵千日用兵一时，关键时刻"拉稀摆带"，一群废物。他猛然想起了廖青廷，这个号称无所不能的"七匹半围腰"，肯定有办法做这道菜。

2."七匹半围腰"再次名扬山城

廖青廷来了，二话不说，挽起袖子就干。其实他也没有弄过这道菜，但作为小洞天掌门又是名震江湖的"七匹半围腰"，廖青廷俨然成了当时重庆厨界的头面人物，南来北往的厨师一到重庆或者路经重庆，都会慕名拜访廖青廷。与这些来自五湖四海的同行打交道多了，廖青廷的见识也越发广泛，对各个具有地方特色的风味菜肴也略知一二，当然包括如何烹制雪蛤。

廖青廷知道，雪蛤最珍贵的部分是从其身上提炼出的蛤蟆油，于是他在范庄厨师的协助下，计划先从雪蛤身上提炼出雪蛤油。幸好范庄厨房设备齐全，应有尽有，虽然提炼雪蛤油花费了些时间，但也较为顺利。烹制时，他先将鸡蛋清打在汤盘内，放入鸡汤，再码上精盐，放入笼屉内蒸熟待用。又将火腿、冬笋切片；再在勺内放猪油，烧热后，加葱、姜块炝锅，出香味时，再加鸡汤。烧开后，加雪蛤油，并放绍酒、花椒水、火腿、冬笋，然后撇去浮沫，用湿淀粉勾稀芡，于是一道名叫"芙蓉雪蛤"的菜肴就烹制而成了。

待这道菜上桌，"哈儿师长"范绍增和做客的东北将领品尝后，无不拍案叫好，对廖青廷大加赞赏。芙蓉雪蛤不仅香嫩爽滑、色味俱佳，而且对体虚气弱、精力亏损者，均有特殊疗效。"范哈儿"体验到这道菜的妙处后，还用它招待过蒋介石、宋美龄、何应钦等大人物。

"范哈儿遇难"，廖青廷救场。后者不仅用妙手烹制的芙蓉雪蛤挽回了"哈儿师长"颜面，同时因其出神入化的厨艺，再次名扬山城，成为重庆餐饮业受人景仰的人物。

3.英国游轮上的重庆大厨

名气大了，仰慕的人多了，聘请的人更不少。

廖青廷虽然创办了小洞天，并理所当然地成为"掌墨师"，但是由于名气太大，争相聘请他主厨的饭店、酒楼和餐馆，依然争先恐后、络绎不绝。其中有不少是熟人故交，廖青廷抹不下面子，再说小洞天有熊维卿、曾亚光打理厨政，只好答应兼任陪都饭店、瞰江宾馆、国泰饭店、合国饭店等大餐馆的"掌墨师"。

那时城市生活趋于洋派，重庆至上海的长江航线上，新增了一艘由英国人经营的游轮。所谓入乡随俗，游轮上不但有西餐，还有中餐。西餐自然由洋人打理，中餐必须找一个中国高手主厨。英国人经过打听，知道廖青廷是重庆技术最为全面、名气也是最大的厨师，便用高薪聘请他主厨。

廖青廷自然不答应，此时他不仅身兼几家大餐馆"掌墨师"之职，还担任重庆市"中西餐厨工职业工会"理事长。虽然他轻易不再上炉子做菜，但是每家餐馆的菜品定位、烹制风格及研发创新，他还是要亲历亲为。再加上职业工会理事长一职，又不是虚名，制定行业规范标准、开展业务交流和培训、举办茶宴品鉴活动等，他都要参与。如此一来，廖青廷称得上事务繁杂，分身乏术。

英国人既然能在长江上开展游轮经营，自然精通中国的人情世故，便托人找到当时"凯歌归"老板李岳阳，请他去劝说廖青廷。李岳阳虽为餐饮界人士，但因为黄埔一期毕业生，与重庆政界、军界和警界都关系密切，连当地袍哥大爷都要给李岳阳三分面子，何况廖青廷。而且当时廖青廷还兼着凯歌归"掌墨师"一职，与李岳阳私交甚笃。于是他便在李岳阳劝说下，担任了英国游轮上的中餐厨师长。

游轮上的游客不是洋人就是达官显要，对饮食要求极高，甚至到了苛刻的地步。不过"七匹半围腰"并非浪得虚名，由廖青廷主持的中餐，南北风味云集，各地特色荟萃，不过他有意主推渝派川菜。每到吃饭时间，客人更多地点买中餐，而吃西餐者寥寥无几，大有东风压倒西风之势，廖青廷的威名就这样一路从重庆传到了上海。

4. 从重庆到上海再到台北

时值李岳阳在上海开"凯歌归"分店，为了能在他乡站稳脚跟，与海派菜一争高下，他必须找一个技术和名气都能堪称"极品"的大厨坐镇。他第一时间想到了廖青廷，后者也正好随英国游轮到了上海。

在去上海"凯歌归"前，廖青廷结束游轮厨务工作，先在上海丽都花园事厨，因此对当地菜和顾客口味都有一定了解。他在上海丽都花园时，与一个名叫徐自林的上海厨师关系特好。徐自林告诉廖青廷，上海菜由"本帮菜"和"海派菜"组成。上海菜是流传于上海一带，口味偏鲜甜的一种风味独特的菜系，包含了"海派"和"本帮"两类。"本帮菜"更多的为家常菜，其口味近似于苏州和无锡菜，以浓油赤酱为主。"海派菜"传统上可以追溯到清末上海开埠，是土洋文化结合后形成的一种海纳百川的海派文化和海派饮食风格。

"海派菜"与渝派川菜大相径庭，前者偏甜，注重鲜香；后者以麻辣为主，味型多变。在廖青廷对"海派菜"深入了解之际，李岳阳派人找到了他，并说明了来意。廖青廷无奈又走马上任"凯歌归"上海分店厨师长。

他对这家店的菜品定位是：以滋补养生为主，招牌菜为人参、虫草、燕窝系列，配以具有渝派川菜特点的菜肴，如鱼香类、水煮类、干煸类和烧烤类。上海作为当时亚洲的金融中心，十里洋场，中外人士云集，食客众多。渝派川菜名声在外，又是由名师主厨。因此一待"凯歌归"上海分店开业，马上火爆全城，生意不输"凯歌归"重庆总店。

李岳阳笑了，请廖青廷掌勺真的找对了人，不免对廖青廷大大地奖励了一番。受此鼓舞，李岳阳决定在台湾再开一家店，也请廖青廷去主厨。就这样廖青廷又去了台湾。

5. 回家，付出两根金条的代价

廖青廷先在台南南都饭店主厨，后又去了台北饭店。台湾属于亚热带季风气候，温暖湿润，雨水量大，不时还会遭受台风肆虐。从内陆城市重庆到这里工作的廖青廷，对此极不适应。再者，重庆是他土生土长的故乡，在重庆一切那么熟悉和自然，抬头低头不是亲人就是熟人，他生活得逍遥自在、无拘无束。而在台北，举目无亲，连语言交流都十分困难。因此廖青廷陷入了极其严重的思乡情绪之中，他决定不顾一切返回重庆，回到他日思夜想的家乡。

他找到李岳阳如实说明了情况，李岳阳诧异之外，也对廖青廷的想法极为理解，既然留不住，那就成全他的回家梦吧。1949 年，重庆解放前夕，国民党政权面临土崩瓦解，交通运输十分紧张，想回重庆谈何容易。毕竟李岳阳出自军界，关系多、门路广，他通过疏通关系，得知有一个办法可以让廖青廷回重庆，即搭乘接送物资的军用飞机。但条件是送两根金条给负责这次飞行的队长。

廖青廷二话不说就答应了。上飞机那天，飞行队长给廖青廷穿上一身空军军服，再往他身上泼了一些酒，造成喝醉了的假象，再用军帽遮住脸，又叫两个卫兵把廖青廷扶起，一步一步向门岗走去。站岗卫兵尚未近身，便闻到廖青廷满身酒臭，又见飞行队长是熟人，再加上飞行队长装模作样地大骂道，"狗日的喝醉了，快点给我拉上飞机，今天有他的任务"，便不再过问，眼见着廖青廷上了飞机，然后向重庆飞去。

2017 年 2 月 28 日，本书作者在成都采访廖青廷传人丁应杰时，这位年过 70 的老人介绍到此处时，忍不住笑了起来。他说："这是廖青廷第一次坐飞机，当时害怕得很，心咚咚咚直跳，生怕飞机从天上掉下去。"

6. 一代宗师的最后辉煌

廖青廷回重庆后先在蜀味餐厅主理厨务，不久重庆解放，他又去了民族路餐厅即解放前的皇后餐厅工作。

据丁应杰介绍，1955 年，周恩来总理来重庆视察时，重庆名流康心如在"广州食店"宴请周总理，廖青亭亲手烹制醋熘鸡、回锅肉、干煸牛肉丝等几个拿手菜，受到周总理赞扬。1960 年，廖青廷参加商业部饮食服务局主编、轻工业出版社出版的《中国名菜谱》（第七辑）的编写工作。

这也许是解放后廖青廷最为高光的时刻，随着"文革"爆发，廖青廷因为曾去台湾工作，又是乘国民党军用飞机回重庆的，因此被视为"有历史问题的人"，时时受到挤压，在厨界难以有所作为，直到 1974 年在郁郁寡欢中去世。

《中国名菜谱》（第七辑）书封
图为一代宗师廖青廷编写的《中国名菜谱》（第七辑）。

他去世后，生前没有享受的荣誉，却在时任重庆市饮食服务公司培训科科长吴万里为他举行的隆重的追悼会上，得到了肯定。殊荣虽晚，却未被历史遗忘，这得感谢吴万里大海般的胸襟和对烹饪事业的坚定信念，不然重庆烹饪历史上唯一的"七匹半围腰"，就有可能因为置身"另册"，以另一个面目出现在世人面前。

吴万里为廖青廷举办追悼会，可以说是顶着巨大压力的，当时有人质问他："吴万里，你好大的胆子，为这号人开追悼会，还要不要前途？"吴万里不为所动，坚持己见，冒着牺牲政治生命的风险，通过追悼会形式，给予了廖青廷客观公正的评价，并让他的烹饪精神和精湛厨艺，得以代代相传，受到后人尊崇。

　　关于廖青廷，对他尊敬有加的吴万里之子吴强，尽管 40 多年过去了，依然清晰记得最后一次与他见面时的情景。他说，大约是 1973 年，即民族路餐厅为出国厨师举办培训班的那一年，当时廖青廷在此工作，也是培训班老师。有天中午，他拿着父亲给的 5 角钱去民族路餐厅"打饭吃"，点了一个回锅肉。细嚼慢咽时，被廖青廷看见了，他厉声斥责餐厅大堂经理："这是吴科长儿子，还不多加两个菜。"大堂经理是一位在业内以严厉著称的老大姐，但听见具有传奇色彩的廖青廷的呵斥，也不敢抵触。正在此时，吴万里开完会正好路经此处，见状便说，5 角钱只能吃回锅肉，不能多吃多占，要有严于律己的精神，更要树立行业正气。廖青廷不忍，去厨房舀了碗"和汤"端给吴强。

　　所谓"和汤"，是指当时大餐厅厨房汤吊子里面的骨头汤，再加点盐、胡椒、葱花而成。沉浸在回忆中的吴强说，那是他迄今为止，喝过的最好喝的汤了。吴强留下如此印象，也许因为"和汤"确实好喝，也有可能他融入了感恩之情，因此回味无穷，念念不忘。此事虽小，既衬托出了廖青廷的宅心仁厚，又显示出了吴万里的一身正气，

　　丁应杰回忆起廖青廷时说："他尽管当时在工作中处处受制约，依然保持着对烹饪的热爱。有时一个菜没弄好，回去觉都睡不着，不停地找原因和解决办法。"

　　丁应杰于 1963 年拜廖青廷为师，并按当时组织规定，与廖青廷签订了师徒

渝菜烹饪泰斗廖青廷弟子丁应杰大师
（王世超供图）

协议。说起廖青廷，丁应杰一脸感激。他说廖青廷好在哪些地方呢，比如兑汁碗的时候，会叫你去尝一下，这样通过记住味道就把汁的多少记住了，一锅成菜汁是关键，而一般老师是不会叫你去尝的。由此可见廖青廷是真心在传授技艺。

　　因此，《川菜烹饪事典》在总结廖青廷厨艺人生时，对他做了如下评价：廖青廷先后带徒多人，其徒后来均为行业中坚。廖青廷功底扎实、烹技精湛，由他创新的名菜有醋熘鸡、半汤鱼、黄豆芽炖鸡等。

第十九章　周海秋：服药打针也要上灶掌勺

1. 出席全国"群英会"

1949年重庆解放时，周海秋尚在白玫瑰餐厅事厨。1950年，"白玫瑰"并入颐之时餐厅，周海秋也随之去"颐之时"工作。

解放初期的重庆，为西南军政委员会驻地，也是西南大区代管的中央直辖市，而当时西南大区驻地便设在重庆。1954年7月，西南大区、川东行署区撤销，川东行署区首府北碚市并入重庆，重庆市从直辖市降为省辖市，重庆并入四川省。

在新中国如火如荼的建设大潮中，百废待兴的重庆也格外引人注目，因此不时有中央领导及社会知名人士到重庆参观、考察和调研，为重庆发展出谋划策、费心尽力。每在重庆设宴款待领导或宾客之时，周海秋便得以施展厨艺，大显身手。

行文至此，有一事相提，即前文所述末代皇帝溥仪特赦后途经重庆时，就餐于"颐之时"的那段经历。当时溥仪就餐的宴席，就由周海秋主厨。溥仪对周海秋所烧熊掌赞不绝口，并再三邀请周海秋入席，还专门敬了他一杯酒。此事传播开后，遂成一段佳话，至今还在重庆厨界流传。

1956年后，周海秋又兼任教学研究工作，推陈出新，致使技艺达到炉火纯青。鉴于他在继承、发展、传授渝派川菜技艺的工作中取得的突出成就，1959年10月，他以劳动模范代表身份出席了在北京召开的全国群英盛会，受到党和国家领导人的接见，还收到了周恩来总理发来的邀请帖，出席了象征荣誉的国宴。

在赴群英会期间，周海秋以烹饪大师的身份与同道切磋技艺，为传播渝派川菜技艺发挥了作用。据周海秋儿子周心言介绍，周海秋返渝后，无论长城内外，大江南北，全国各大中城市的同行，慕名纷至沓来，取经学艺。截至1963年统计，仅全国各大中城市前来重庆向周取经学艺的厨师就有 300 多名。1963 年至"文革"前，"文革"后到 1980 年，商业部在重庆前前后后举办了一次又一次全国十大城市川菜厨师培训班，周在历次培训班中担任导师，并多次参与了一级、特级厨师的考核评定工作。全国各地厨师得周海秋指点者不胜枚举。

2. 他做的菜好吃

周海秋称得上厨界"大场面"先生，他一生中，或操持红案、白案，或以掌门、厨师长之职主持厨政，所历高级筵席众多。无论山珍海味，还是四季瓜果菜蔬，他均能烹饪自如，做出色、香、味俱佳的菜肴。据周心言总结，周海秋生平烹饪的菜肴据不完全统计不下 800 种，以此演变派生，变化莫测。其代表菜有：烧熊掌、烤乳猪、樟茶鸭子、干烧鱼、醋熘凤脯、烧三头（牛、羊、猪）、豆渣烧猪头、蜀川鸡、旱蒸鱼、锅贴兔片、松子鱼、烧牛头方、陈皮兔、冰糖芝麻肘子等。一般小菜，周海秋信手拈来，即为佳味，且他根据其特色，冠以四季花草之名，名既雅，而味亦美，常使筵席妙趣横生。如烹调鸡时佐以油菜头，而名曰"紫罗鸡"（谐紫罗兰之意），定名形象，栩栩如生。

如此一位厨艺卓绝的大师，一生中自然与无数传奇故事有关。周心言在回忆父亲周海秋的往事时说，1962 年，经济困难时期，某天，周海秋正在家中休假，店中突然通知他，有中央首长来店进餐，请他马上到餐厅上班，到餐厅又得知需尽快上菜。当时店中物质准备极差，周海秋安排在市场上买了一些一般的菜，抓紧时间烹调出堂。上席后，周海秋又独具匠心地用牛皮菜心，炒了一份家常菜心。谁知道首长们品尝后连称："好吃，好吃，再来一份。"

即使是如此厨艺超群的一位大师，依然未能逃脱"文革"的冲击。"文革"期间，周海秋曾被打成"反动技术权威"，而被迫去洗碗扫地，打扫卫生。但是又因为他烹饪技艺了得，但凡有国内外贵宾抵渝，又不得不重新启用周海秋，叫他上灶做菜。据周心言回忆，那时每有国内外宾客到访重庆，便会有小轿车开到家门前，接他去主持厨政。有时正遇周海秋高血压发作，不待他憩息，单位上便会特聘保健医生陪伴周海秋，并辅以服药打针也要让他上灶掌勺。每当这时，周海秋也会以大局为重，带病坚持工作，从没给单位拖过后腿，尽显为民服务本色。

3. 两口锅炒同一个菜

周海秋育有四男三女，唯其幼女周心年继承父业。周心年具有周海秋的厨艺基因，1977 年，时年 26 岁的她，考试金榜题名，荣获川菜白案一级厨师。1983 年，时年 32 岁的她，再试，被四川省人民政府命名为白案特级厨师，为当时四川省最年轻的一级、特级厨师。她的事迹曾被《重庆日报》以"白案女状元"为题，予以宣传报道，还引起了中央电视台、《中国青年》《妇女生活》等媒体的关注，并加以宣传报道。

2017 年 3 月 3 日，本书作者采访周心年时，她对自己的成绩处之淡然，更多的是介绍父亲，并对他的手艺赞不绝口。周海秋曾用两口锅，炒同一个菜，一时被同行啧啧称羡，如同他给末代皇帝溥仪烧熊掌一样，至今让人津津乐道。

这道炒菜名叫宫保腰块，以前烧煤炭，火不好，而这道菜又很讲究火候，他便用两只锅来做。他炒腰子不码酱油，放点盐巴和干豆粉，用手提两下，起搅拌作用。待两口同时放有油的锅烧辣了，他便把腰子赶快倒进一只锅里，吐血后，马上把这只锅端走，快速将另一只锅放在灶上，把捞起来的腰子倒进去，再把兑好的滋汁及干海椒、花椒、姜蒜倒下去炒，两下一簸，这道菜就做好了。

这道菜吃起来香嫩爽口，色味俱佳。据一同接受采访的原"颐之时"厨师邱长明说，宫保腰块一般人炒不好，火候很关键。原来烧煤不像现在烧天然气那样能随意控制火候，周海秋便采取了这种办法，以此把不好掌握的火候，掌握得很好。

邱长明说，周海秋的干烧鱼也是一绝。做这道菜时，他与陈志刚风格不同，周不加麻油，陈要加麻油。另外姜蒜下锅后，陈要盖锅盖，周则不盖锅盖。周的干烧鱼三色一致，即鱼、滋汁、翘头颜色一致，三色不分离。周做干烧鱼时，还少不了一样东西：醪糟。邱长明补充道，周海秋说这个就跟人走路一样，加了就走得远一些。意思就是味道悠长，回味无穷。如不加醪糟，味道就很单薄，没回

渝菜烹饪大师周海秋
代表菜品：宫保腰块

味。这样说并不是陈做的鱼不好，他做的鱼同样是佳品，只是做法和风格不一样。

一旁的"御盛苑·吴家菜"创始人吴强补充道，周海秋炒菜用的是大勺子，比一般人用的都要大，舀调料纯粹凭经验，但他掌握得恰如其分，炒出来就是好吃。

4. 大师至诚至孝

　　周海秋不仅是烹饪顶尖高手，名副其实的厨艺大师，还是一个至诚至孝之人。

　　据周心言介绍，在周海秋学徒期间，其大伯父周虎臣孤身一人，病瘫在床达两年之久。周海秋每天下班后，都不忘给他擦身理床，两年如一日，从不怠慢。后又为其料理后事，极尽人子之责。周海秋的师弟李文清，新婚三天即被抓壮丁。周海秋慷慨解囊，四处奔走，乞情、筹划，借得大洋100元，

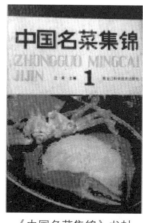
《中国名菜集锦》书封

《重庆菜谱》书封

将李保释归家，现李文清儿孙满堂，他至今对周海秋感激不尽。周海秋在事业上能得高手相助而成大器，与其为人忠诚厚道不无关系。

　　除了烹饪实践，周海秋还非常重视烹饪文化的继承和发扬光大。他为整理"烹饪"这一古老的中华文化遗产，于1958年参加了《中国名菜谱》第七辑（川菜辑）的编写工作，为之提供素材。1982年还参与了中日合编的《中国名菜集锦（四川）》的菜肴制作。另外还多次参加了《重庆菜谱》的编写研究工作。

　　周心言对父亲满怀深情，曾写《名厨周海秋》一文以此纪念。他写道：古人云"音不过五，五音之变，不可胜听"；"味不过五，五味之变，不可胜尝"。善为文者，嘻、笑、怒、骂皆成文章；善烹饪者，熊掌、小菜均为佳肴。纵观周海秋之平生事业，周继承和发扬川菜的烹调技艺，博采各家之长，溶合提炼，形成了独特的风格。不甘为显达者"家厨"，而愿以其技艺使渝派川菜香飘全国，名扬海外，致使末代皇帝叹为"味止"，中央领导对其家常菜蔬也连称"好吃"，从而以其斐然成绩成为周总理的座上客。周海秋参与编辑、整理《中国名菜谱》《中国名菜集锦》《重庆菜谱》等，及至晚年，潜心授艺，桃李满天下，一生足矣。

第二十章 曾亚光：精湛厨艺如同魔术表演

1. 从厨房转向教室

1950 年以后，曾被重庆餐饮界誉为"厨坛三学士"之一的曾亚光，开始了与他称号相关的工作，即从上灶做菜转向烹饪教学。如此巨大的变化，曾亚光最初还有一些不适应，二者虽然都与烹饪有关，却有本质上的区别，一个在台前一个在幕后，服务对象更是相差悬殊。

毕竟经历丰富、见多识广，曾亚光调整心态，很快就适应了新的岗位。一晃几年过去，曾亚光的教学、培训卓有成效，他在新的岗位上渐入佳境。也许受新中国新气象影响，曾亚光的厨艺理念，在倡导艰苦朴素、为人民服务的年代，更多地从大众食用功能出发，对日常生活中素食的烹饪技巧，开始深入琢磨。

经过长时间酝酿，加上本身所具有的实际操作水平，曾亚光终于对素食的烹饪方法和技术，形成了系统化的认识。1959 年由他口述，经人整理成《素食菜谱》。

《仿荤素食》书封

在此基础上，1990 年在曾亚光指导下，由他的同事和高徒如陈夏辉、谢云祥、阎文俊，从他收集、创作的大量民间素食和宫观寺院素食的资料中精选出一部分，编辑出版了《仿荤素食》一书。

2017 年 3 月 2 日，本书作者采访曾亚光传人刘大东时，《仿荤素食》作者之一的陈夏辉，也一同接受了采访。

陈夏辉说，《仿荤素食》以素托荤，表现了烹调技术的高超，如用土豆或萝卜加发面、鸡蛋、豆粉、盐等料可依法制成"肘子"。用冬瓜、茄子、牛皮菜加鸡蛋、盐、米粉、豆粉、面粉、食油亦可依法制成"猪肉"。此书填补了巴蜀地区此类菜谱的空白。同时，曾亚光老师也通过这本书，对自己的厨艺进行了一次总结。

2. 白天扫地晚上授艺

"文革"期间，曾亚光也未能逃脱厄运。当时，烹调被扣上"为封资修服务"的帽子，学技术被指责为"走白专道路"。而在此行业中知名度较高、影响力较大的曾亚光，自然作为其中的一个代表，受到了冲击。

曾亚光身处逆境，却没有放弃对烹饪事业的热爱。他白天在餐厅里打杂，晚上收堂后，便悄悄给几个对烹饪事业有着同样追求的年轻人讲解技术。

据陈夏辉介绍，有一段时间，曾亚光老师完全离开了"厨房"，被组织安排去卖干货。拥有干货发制秘技的一位烹饪大师，在某个特殊时期经营干货，是发挥其特长还是扼制其才华？不管从哪个方面看，都具有讽刺意味！生活有时总是这样不按规律出牌，让人捉摸不透，因此也难以给出准确的答案。

所幸在每一个不正常的历史时期，总有一些为事业而生的人顶着压力干实事。1974 年，吴万里担任重庆市饮食服务公司培训科科长，这位在重庆餐饮发展过程中具有举足轻重地位的关键人物，对烹饪业凋敝的现象痛心疾首，于是通过自己负责全市饮食服务业培训的机会，开始重振重庆餐饮业。在他的坚持下，重庆餐饮业培训工作如雨后春笋，开展得蓬蓬勃勃，而处境尴尬的曾亚光也趁这个机会，不再做买卖干货的生意人，去担任了重庆市市中区饮食服务公司厨师培训班教研组副组长。

曾亚光在培训班，如鱼得水，虽然是一位出了名的严师，但因为技术出众，为人宽厚，向他求教的学员非常多。与他直接签订师徒合同的有 10 人，其中刘大东、谢云祥等人，后都获得了特一级烹调师的职称，成为新一代名厨。

3. 开明大师对技术从不藏私

曾亚光除教学严格外，为人和善，平易近人。刘大东在回忆师傅时说，他对技术从不藏私。在那个年代，像削个花这些，把门一关，除了师门中人可以进来，其他人只能看成品。加工过程外人永远看不到。曾老师却不这样，传授技艺

一代宗师曾亚光（烹协供图）

如同做人一样，坦坦荡荡、开诚布公，教得清清楚楚，说得透透彻彻，即使有师门外的同行围观，他也不遮掩，大大方方地允许别人看。

刘大东说，能够拜曾亚光为师，是他们的福气。曾老师给他们树立了一种榜样，在技术上，精益求精；在为人上，广交朋友；在业务上，互相交流，互相学习。曾亚光老师对菜品要求一丝不苟，对此他有句口头禅："我们自己做的菜都觉得不好吃的话，怎么拿给顾客吃？"言下之意，就是做菜一定要认真，对顾客就像对自己一样负责。

一旁的陈夏辉补充道，上班推开门，就能看见曾老师站在厨房。他若看见该准备的菜没准备好，不管哪一个，当场就会提出批评。他对菜品精益求精，不管零餐还是宴席。他能成为厨界泰斗级大师，与他日常认真负责的工作态度分不开，就像俗话说的，风雨之后见彩虹，没有人能随随便便成功。

4. 根据一首民歌创制一道名菜

曾亚光创新菜品是出了名的，其中有一道名叫"荷包鱼肚"的名菜，特别脍炙人口。当时有一首广为流传的民歌《绣荷包》，曾亚光受此启发，开始按其寓意进行创制。

他选用上好的鱼肉，去骨、刺，除皮，再制成如雪花膏一样的鱼蓉。鱼肚经油炸好后，再将鱼蓉敷于鱼肚上，形成荷包状。然后以刀为针，用发菜、丝瓜、冬菇、泡红辣椒等原料为线，在"荷包"上"绣花绣草"，甚至还要"绣"鸳鸯。"绣"好后，此菜色彩绚丽、形态生动，与歌词中的荷包不相上下，以假乱真。

"荷包"并不直接上桌，将其漂浮在高汤上。而高汤炖法十分讲究，有火腿、老母鸡、干贝、黄酒、牛肉等10多种原料，再经炖制数小时方可。此菜吃起来，鱼肚口感柔和，鱼蓉细嫩，味道十分鲜美。

曾亚光烹制的口袋豆腐也很有特色，这也难怪，他本来对素食研究就颇有心得。他做这道菜时，将上好的肉打碎，与豆腐一起搅拌，然后做成两头尖的橄榄形状，中间是空的，放进锅里油炸，变成青果形状即可。再放进高汤里烩，此高汤用火腿、鸡肉、冬笋、香菇等制成。待豆腐装满汤汁，便会像口袋一样盛满高汤，因而取名为"口袋豆腐"。

渝菜烹饪泰斗曾亚光代表菜品：口袋豆腐

采访曾亚光传人刘大东和陈夏辉一事，是由吴万里之子吴强安排的。当谈到曾亚光创新菜品时，吴强对其化繁为简的厨艺，印象深刻，并做了相关介绍。吴强说，一次，曾亚光参加一个烹饪比赛，组委会要求每人以羊肉为原料，做一道菜。曾亚光炒了一个家常羊肉丝，其他厨师又是烧又是炖又是烤又是蒸的，搞得非常麻烦，效果还不好。而曾亚光举重若轻、信手拈来的厨艺，却广受好评，成为这次比赛的一个亮点。

5. 腰插蒲扇大展绝活

改革开放后，曾亚光再次迎来了他事业的高峰时期。1978年，他被四川省人民政府授予特级厨师职称，并且多次被聘为全国烹饪大赛的评委。

1982年，他随四川省"川菜赴日讲习小组"前往日本东京、大阪等地讲习川菜，在表演"干烧鱼翅"一菜时，以其娴熟高超的厨艺、魔术般的换锅手法震惊四座，让日本人大开眼界，不禁对来自中国重庆的名厨心悦诚服。

鱼翅本无味，要想味道鲜美，必须要汤好。此汤须用新鲜老母鸡肉加火腿精心烹制，待烹制鱼翅时，慢慢加入高汤，用中火煨，汤干时再加，直至大量营养和物质融入鱼翅之中。由于鱼翅富含胶原蛋白，干烧时容易煳锅、粘锅，于是曾亚光准备了三口锅烹制。

　　此时曾亚光举重若轻的大师风范又展现出来了，表演时他手摇蒲扇上场，做菜时把蒲扇插在后腰上，这只锅用完换一只锅，接着又换一只锅，不但解决了鱼翅煳锅的难题，还把"干烧鱼翅"做得美观完整、色泽红亮，而且味道鲜美，食之欲罢不能。

　　日本人服了。陈夏辉说，日本人为掌握这道菜的精髓，专门拿去曾老师做的"干烧鱼翅"进行化验和研究，想以此偷师学艺，但是曾亚光一生厨艺积累，岂是照葫芦画瓢这般简单？日本人终未达到目的。

　　此时一位名叫陈建明的日籍华人厨师，原是四川人，在日本开了家"麻婆豆腐"店，已在日本闯出了相当大的名气，他对曾亚光的厨艺表演同样心生钦佩之情，便上前与曾亚光攀谈，二人遂成知己。曾亚光随手把别在腰上的蒲扇送给了他，也算是给在异国他乡的老乡一个鼓励和纪念。

第二十一章 陈志刚：大雅之堂的名厨风范

1. 中国四大名厨之一的弟子

说起陈志刚，不得不再次说起他的师傅罗国荣，所谓名师出高徒。陈志刚学艺早期，正是罗国荣大放异彩的历史阶段，师徒携手并进，创造了无数烹饪史上的辉煌和风光。

2017年2月24日，本书作者采访了陈志刚之子陈彪。他谈起罗国荣时说，1945年毛主席飞抵重庆参加著名的国共谈判，并于当年10月10日签署《国民

渝菜烹饪泰斗陈志刚 （烹协供图）

政府与中共代表会谈纪要》，即《双十协定》。在此期间，毛主席在重庆住了40多天。国共两党及民主人士交往频繁，很多宴会上的菜品都出自罗国荣之手。正是在这些宴会上，罗国荣给共产党的领导人留下了深刻的印象。

解放后，有次毛主席问周总理，还记不记得在重庆谈判期间，给我们弄饭的那个厨师？周总理说，有印象。于是便通过贺龙找到罗国荣，并把他调到北京饭店担任主厨。

去北京后，罗国荣先后在招待印度总理尼赫鲁、缅甸独立后的第一任总理吴努、印尼总统苏加诺和柬埔寨西哈努克亲王等来宾的宴席中担任主厨，并深得称赞和好评。后来罗国荣还多次跟随党和国家领导人出国访

陈志刚进行菜品教学（烹协供图）

问，包括著名的万隆会议。

1959 年建国十年大庆，毛主席、周总理等国家领导人在人民大会堂举办 5000 人宴会，招待 80 多个国家的来宾和国内各界知名人士。罗国荣担任这次宴会后厨总指挥，并负责第一主桌的菜品。由于调度有方，这场空前盛大的国宴获得了圆满成功，周总理称赞罗国荣："你不愧是个帅才。"同年，罗国荣、范俊康、王兰、陈胜，被评为中国烹饪界四大名厨。

2. 为开国元勋操持宴席

"1949 年成都刚刚解放，贺龙元帅在颐之时宴请刘文辉、邓锡侯、潘文华等起义将领。已经学徒期满，因为厨艺精湛而独当一面的陈志刚，在罗国荣指导下，成为这次宴席的主厨。席间菜品获得很高评价。"

"也是在这次宴席上，贺龙对罗国荣、陈志刚师徒说，去重庆吧，我也将去那里工作。就这样陈志刚便随师傅罗国荣一起与颐之时东迁重庆。"

上述内容，是根据一些公开发行的报刊和书籍资料综合而成的，其中说颐之时从成都搬迁到重庆的时间是 1949 年，其实有误。据陈彪向罗国荣后人求证，颐之时东迁重庆的时间应是 1946 年。

与陈彪一同接受采访的原"味苑"学员伍明仕，对颐之时从成都迁往重庆的这段历史，印象颇深。他说，颐之时搬迁阵仗很大，烹饪设备、锅碗瓢盆、板凳桌椅等，装了好几条船。浩浩荡荡地从乐山出发，顺着长江一路走来，风餐露宿，日夜兼程，终于到达重庆。

颐之时迁到重庆后，由陈志刚协助罗国荣管理厨务，后来成为厨师长。重庆解放后，陈志刚多次为周恩来、邓小平、刘伯承、贺龙、聂荣臻、陈毅等开国元勋操持宴席，并获得极高评价。

为这些赫赫有名的大人物做菜，外界所知甚少，因而倍感神秘。陈彪说，父亲为这些中央领导弄菜，出于制度规定，一般事前事后都不会说，有一次是个例外，他把为一位中央领导弄菜的前后过程都告诉了我。陈彪回忆道，大概是 1951 年的时候，时任中央人民政府副主席的朱德元帅来重庆视察工作，重庆市委市政府高度重视，安排朱德元帅在重庆饭店南楼就餐。

这顿饭由陈志刚站炉子做菜。因为宴请人数不少，菜品丰富。陈彪说，有道菜是宫保腰块，非常考验火候和刀工，有人不知何故，抓了材料就去炒，那人急急忙忙地，一下子就把海椒炒煳了，整个菜看起来黑漆漆的，品相特别不好，这人也不吱声，任由服务员端了上桌。

朱德吃这道菜，是因为怀旧，毕竟他也是四川人，对家乡菜有特殊感情。待他吃后感觉不对，便说："这个跟我小时候吃的不一样。"结果宴席一完，陈志刚便被领导骂了一顿。他受了委屈，又不好说不是他做的，心里越发憋屈，从不喝酒的他，去库房领了一瓶茅台，跑到房间喝了大半瓶，醉得人事不省。

第二天，时任重庆市副市长余跃泽去了解情况，陈志刚不得不说了实话。余跃泽听后，哈哈一笑，"不是你弄的就解释嘛，干吗自己找罪受"。

3. 香港食客眼中的"厨神"

因为厨艺出众，技术过硬，1958 年，陈志刚由我国外交部派往捷克斯洛伐克，在首都布拉格的中国饭店，以专家身份指导厨政工作。

一年多时间里，陈志刚根据当地食客的口味，把具有巴渝特色的菜肴，不断加以推广。如宫保腰块、鱼香肉丝、火爆双脆、麻婆豆腐等菜品，活色鲜香，味

渝菜烹饪泰斗陈志刚代表菜品：蛟龙献珍

渝菜烹饪泰斗陈志刚
代表菜品：玲珑水晶塔

道俱佳，很受当地各界认可和赞誉。

当地食客为了品尝陈志刚的手艺，时常在中国饭店门前排起长队候餐。此现象遂成当地一大新闻，引起了该市广播电台及各家报刊的专题报道。如此一来，中国饭店影响力越来越大，还有部分苏联、匈牙利、保加利亚、罗马尼亚的食客闻讯而来，餐厅内座无虚席，人头攒动。

陈志刚回国后，就任重庆饭店厨师长，并兼职教学工作，先后为重庆市和川东片的各地、市培训了一批技术人才。1978 年四川省人民政府授予陈志刚特级厨师称号。1979 年 4 月，陈志刚参加了"四川省川菜烹饪小组"赴港献技表演。他还曾为中、日合编的《中国名菜集锦（四川）》制作供拍摄的名菜。

1980 年，陈志刚赴香港任四川省与港商合办的川菜馆锦江春厨师长。三年时间，陈志刚以川菜烹制方法和川菜味型烹制海鲜，创新 100 多道菜肴，让长期食用粤菜的香港食客，由此耳目一新，大快朵颐。特别是他推出的"蛟龙献珍"一菜，因其造型独特，味道鲜美，一时轰动香港，当地食客把陈志刚视为"厨神"。

4. 别出心裁创制"鸳鸯火锅"

陈志刚厨艺生涯亮点不少，其中最为典型的当数与吴万里一起创制"鸳鸯火锅"。

1983 年，陈志刚与时任重庆市饮食服务公司培训科科长的吴万里等人一起，去北京参加一个烹饪比赛。其间突然接到邓小平要到北京"四川饭店"用餐，想吃火锅的通知。当时大家开会商量，决定给邓小平烹制双味火锅，即一半红汤一

1983 年全国第一届烹饪大赛重庆代表团推出的鸳鸯火锅

半清汤。但当时没有这种锅，吴万里便回重庆，"去东风造船厂特制了一个锅，紫铜皮的，一尺四大小，中间用太极柱隔断，即现在常见的'鸳鸯火锅'形状"。吴强回忆道。

邓小平吃后，给予了极高的评价，让吴万里、陈志刚激动之余，不禁松了口气。关于邓小平吃"鸳鸯火锅"的往事，尚有一则插曲，待后文写吴万里时详述。

陈志刚后在重庆味苑餐厅工作，兼任中国饮食服务公司重庆川菜培训站教师。据伍明仕回忆："当时我刚去味苑，记得陈志刚对大家说的第一句话是：'你们从学校学的东西，从今天开始，做一个了断，你们啥子都不要带进来，希望你们从味苑重新开始，从一张白纸开始。'"

陈志刚不仅对徒弟严格，对儿子同样如此。陈志刚曾在重庆饭店与其他老师一道，从 1975 年到 1978 年培养了三期学员。陈彪说："有次我做水煮牛肉，烹制过程中出现了技术失误，芡放多了，牛肉也不熟，成了一锅'糨糊'。我父亲见了，临时救场，他拿起勺子，在旁边一锅辣油中，舀了两勺进去。反而将这道菜做成了经典。辣油温度非常高，一下就把肉烫熟了。当时便得到了在场学员的一片掌声。"

事后陈志刚严厉告诫陈彪，一定要深刻记住这次教训，烹饪不是游戏，一定要一丝不苟、谦虚好学，更要记住山外有山，人外有人。

20世纪70年代陈志刚等到香港锦江春表演（烹协供图）

原颐之时大酒楼外观（烹协供图）

第二十二章 徐德章：烹饪不及格者，请还我食材

1. 大腿上切凤尾腰花

1950 年后，徐德章先在重庆绿野餐厅担任主厨，后去了重庆饭店。他的刀功依旧出神入化，为了把这一绝活保持下去，徐德章专门找人打了一把刀，此刀与普通菜刀大致相同，只是看起来要大些，刀片也薄一些。

徐德章将刀视之如命，一般不准人碰，有人好心要帮他磨刀，他会说你会把刀磨糟，算了，不用。刀都是他自己磨，就像古时武林中那些侠客，将刀藏于袖中，或将刀别于腰间，把刀当作自己最好的伙伴。

渝菜烹饪泰斗徐德章（烹协供图）

徐德章曾在重庆饭店举办的培训班上，给学员表演过刀功。他在腿上铺张草纸切腰花，只见菜刀翻飞，急如星火，学员还没反应过来，一份凤尾腰花就切好了。

徐德章的刀功就像他当年抓瓜子一样，除天资聪慧之外，还要靠勤学苦练。腿上切肉丝和腰片，手腕力量很关键，要稳得起，不能抖动，还要一气呵成，上下翻飞，疾如劲风，让人看起来很美，有摄人心魄之感。

就是这样一个身怀刀功绝技的人，烹饪技术同样棒。1960 年，徐德章代表重庆市，参加了在北京举办的全国技术操作表演，赢得五个单项第一名，并荣获银牌。"这次比赛以菜品为主，他做的拼盘、装盘出类拔萃，广受好

评，而且数他年龄最小。"2017 年 3 月 27 日，徐德章的女儿徐鲜荣告诉本书作者，"之后峨眉电影制片厂找到父亲，告诉他准备拍一部川菜片子，请他现场烹制了凤尾腰花和荔枝腰块。放映时我们全家都去看了，觉得拍出来很好看。"

2. 在上海获得创新灵感

1956 年，徐德章参加了商业部在上海召开的教材编写会议，参与了烹饪技术教材的编写工作。

闲暇之余，徐德章不忘去考察一下上海当地的饮食。他发现那里有人做糁（shēn），即将色浅、味鲜、质细嫩的动物类原料捶蓉，制作成丸状的菜肴。他受此启发，回重庆后开始研究"打糁"，经过摸索，他掌握了"打糁"原理，把肉捶蓉，再加鸡蛋清、水、盐、水豆粉等调料，搅制成糊状，然后做成圆形，放进锅里煮熟即可。

徐鲜荣说，父亲"打糁"打得很好，有鸡糁、鱼糁、虾糁等。他打的糁，打好后，手一挤出来，在冷水里能弹起来。煮好后，筷子轻轻敲下水去，一弹就起来，不会沉。

陪同采访的吴万里之子吴强补充道，徐德章所做的丸子，与广东的鱼丸不同，广东是吃 Q 弹，徐老师这个是吃嫩。他接着说，做得最好的鱼丸，在水里是圆的，在勺子里是扁的，在嘴里是化的。

徐鲜荣接着说，父亲做的糁，看起来很光滑。那个糁打好后，敲起来听声音，像锣鼓一样，有空响声。如糁没做好，绝对敲不出这种声音来。那个是要费体力和考功力的。

现在"打糁"，都是通过机器制作，吃起来口感完全不同，根本达不到手工捶打的境界。因为手工捶打是把筋络打烂了的，机器只是把筋络打断了。如此看来，虽然时代在进步，手工工作被机器替代后减少了不少麻烦，但就餐饮而言，也因此失去了传统工艺才能带来的口感和美味，不能不说是一种遗憾。

3. 给人在考卷上打零分

徐德章不管是教学生还是带徒弟，都非常严格。"徒弟如果某道菜没做好，他就顺手拿个汤勺，给你敲到脑门心上。当然他不会使劲敲，只是提醒你，这道菜你做错了。"徐鲜荣说。

对此，吴强还特意讲了一件让他印象深刻的事情加以佐证。他回忆道，大概是 1982 年在味苑，重庆地区补考了一次二级厨师职称考试。当时把区县的"二杆子"（重庆餐饮业对 1963 年前参加工作的厨师的俗称）师兄，提了干的，叫到一起补考二级厨师职称，其实是对这些"二杆子"的照顾，相当于开了一次政治后门。其中，徐老师给人打分，不但打了零分，还批注：请还我原材料。不仅震惊了在场所有人，还成为重庆烹饪业的一个流传甚广的典故，也由此看出他对从业人员的严格态度。

对人严格，对自己要求也高，而且技术过硬，徐德章就是这样一个人。吴强回忆道，一次饮食公司类似开职代会，在味苑楼下伙食团吃饭。一般正宗红烧肉用的都是标准三线肉，但当时原材料欠缺，只有肥肉，负责烧菜的徐德章也无所谓，烧出来的红烧肉颜色一致，晶莹红亮，形如一个个樱桃。

吴强说，肥肉是白的，要想颜色全都红亮，首先要爆了脱脂，才上得起色。爆老了成了油渣，如果没爆够，脱脂没脱够，颜色就有深浅。因此用纯粹的肥肉做红烧肉，很难上色，即使上了色也不均匀。但徐德章做得很好，颜色统一，个个形如樱桃。于是大家便说，"徐老师你这个红烧肉烧得好"。徐德章面无表情，冷冷地说，"你们懂都不懂，我烧的又不是红烧肉，是樱桃肉"。

4. 负责烹制满汉全席

据 1985 年版《川菜烹饪事典》介绍，1965 年以后，徐德章多担任烹饪学校的教学工作，先后在重庆市二商校烹饪班、四川省饮食服务技工学校、四川省饮食服务技工学校重庆分校任教。1981 年后任重庆会仙楼宾馆皇后餐厅厨师长。1978 年经四川省人民政府批准命名为特级厨师，多次参加《重庆菜谱》《四川菜谱》和《川菜烹饪学》教材的编写工作，曾为中、日合编的《中国名菜集锦（四川）》制作供拍摄的名菜。1979 年 4 月参加"四川省川菜烹饪小组"赴港展销川菜，任副厨师长。

改革开放至今，重庆市仅仅做过两次满汉全席。一次是在味苑，一次是在会仙楼。

味苑做满汉全席早于会仙楼，时间是 1981 年年底，会仙楼是 1983 年上半年。两次满汉全席性质不同，味苑更多是出于教学需要，展示厨师技能，对中国著名的传统菜式或者宫廷宴席进行检索，让厨师在实战中丰富阅历，增长学识，以便使厨艺精益求精，然后在教学和授艺中加以发挥。因此只是内部消化，不卖钱。而会仙楼做满汉全席，则出于商业考量，是在有人花钱订制的情况下做的，有市场价值。

吴强说，从精致程度和奢华程度来看，味苑做的那次远高于会仙楼。几乎云集了当时重庆厨界所有的大师，准备了一个多星期，凉菜走的是四荤四素，四松四卷，一个龙凤呈祥的看盘，配了 16 个围碟，既有高装，又有对镶。热菜记得有四红四白四烧烤，等等。

会仙楼做满汉全席那次，是应与重庆餐饮业合作紧密的香港美心集团老板要求做的，对方是花了钱的。会仙楼动员了全部力量参加，有好几十人。当时徐鲜荣也加入了烹制满汉全席的厨师队伍，但她对整个创作过程的记忆有些模糊了。

她说，其他记得不是很清楚了，只对父亲徐德章处理熊掌一事有些印象。徐德章把熊掌烧出来后，把保留的熊掌指甲壳拿出来，保持原样放到熊掌上，每个指甲还要缠上红线，既喜庆又真实。而且熊掌烧得好，一点骚味都没有，吃起来特别香，又糯。

第二十三章 宫廷菜好看不好吃？

1. 宣统皇帝的御膳

满汉全席，作为清朝时期的宫廷盛宴，让世人在无比向往的同时，也对神秘的宫廷菜充满了好奇。一般人认为宫廷菜富贵华丽、丰富多彩，既品质高端，又味型多样，肯定好吃。其实不然，餐饮界对此亦有争论，认为宫廷菜好看不好吃的声音，占了上风。那么宫廷菜到底好不好吃呢？

宫廷御膳

中国国家图书馆收藏有《御膳单》钞本一部，记录了清朝宣统皇帝早、晚用膳情况，时间从宣统二年（1910年）十二月一日起，到十二月二十九日止。

早膳：口蘑肥鸡一品、三鲜鸭子一品、五柳鸡丝一品、炖肉一品、炖吊子一品、肉片炖白菜一品、祭神肉片汤一品。

野意锅子一品、炖五香羊肚丝一品、羊肉片炖萝卜一品、黄焖羊肉一品、肉丝炖白菜一品、羊肉片炖冻豆腐一品、鸭条熘海参一品、鸭条熘脊髓一品、鸭丁熘葛仙米一品、黄花煎丸子一品。

肉丁焖咯哒荚一品、肉片焖冬笋一品、炒肉末一品、小肚一品、韭黄炒肉一品、山鸡丁炒酱瓜丁一品、炸春卷一品、炒鸡蛋花一品、熏肘花一品、熏肝一品、八宝果羹一品、卧鸡果一品、卤煮豆腐一品、煮鸡果一品、炒咸食一品、咯哒荚炒芽豆一品、青炒干子丝一品、五香豆腐干一品。

片盘二品、白煮鸡肘子一品、烹白肉一品、饽饽二品、大馒首一品、枣糖糕一品。随送逛尔汤、老米膳、旱稻粳米（粥膳）、果子膳、高粱米粥、玉米仁粥。

晚膳，菜式照旧，只"肉丝炖白菜"换作"肉丝炖菠菜"；"白煮鸡肘子"换作"白煮塞勒"，"烹白肉" 换作"蒸烧肥鸡"；"枣糖糕"换作"白蜂糕"，主食"逛尔汤"换作"元宝汤"， "高粱米粥"换作"煏（bi）米粥"。

这些饭菜摆上席，须摆放七张膳桌：菜肴两桌，火锅一桌，点心、米膳、粥品各一桌，还有咸菜一小桌。面对如此众多的美食，皇帝自然不会全吃，也吃不了，便指挥太监从中挑选几样，然后端到近前慢慢品尝。

这些菜好吃吗？据宣统皇帝即末代皇帝溥仪在回忆录中称，这些御膳房的膳食，几乎原封不动地摆在膳桌最远处，他未动一下筷子，吃的都是太后送来的菜。因为御膳房治膳的方法亦有定则，厨子莫不恪守，不能变动分毫。菜色既陈旧，口味又单调，不好吃，溥仪自然没有兴趣。

2. 皇帝御膳不如妃嫔膳食好吃

皇帝不吃御膳，那吃什么呢？按当时宫廷规矩，皇太后、皇后和妃嫔的膳食与皇帝大不相同，她们各有自己的膳房，并能随心所欲安排膳房烹制可口的膳食。其中尤以太后、太妃为甚，其厨师水平更是出类拔萃，功夫卓绝。而皇帝御膳限制颇多，往往好看不好吃，因此皇帝常常都吃太后送来的膳食。

溥仪在《我的前半生》一书中写道：皇上吃饭，专门有一套语言，并且禁止别人说错。皇上用饭，叫"进膳"，皇上吃的饭菜，叫"御膳"，皇宫里的厨师，叫"御厨"，皇上开饭，叫"传膳"，专门为天子服务的厨房，叫"御膳房"。在皇宫里，除御膳房，另有寿膳房、上膳房、贵膳房、香膳房、喜膳房、收碎房等，虽然都是厨房，却分三六九等，等级森严。御膳房又有荤局、素局、点心局等机构，分工不同，御厨们各司其职。溥仪的进膳习惯是：一顿早膳，一顿午膳，一顿晚膳，昼夜还要吃一次点心。

如此重叠纷繁的膳食机构，虽然厨师们都尽心尽力地服侍皇上，但也因为规矩众多，一切以皇帝安全为首要任务，限制了厨师的水平，做出的膳食好吃才怪了。不仅溥仪，就连康熙、雍正也少于吃到开心的美食。

据《清稗类钞》记载，康熙每次吃饭只吃一类食物，"食鸡则鸡，食羊则羊，不食兼味"。这当然是养生之道，但饮食简单是无疑的。雍正吃得比康熙好多了，但主要食物是鸡鸭，其他肉也吃，最多的是猪肉，其次是牛肉，羊肉反而少。

金庸曾在小说《鹿鼎记》里讲述了一个故事：冒充小太监的韦小宝因得到康熙的赏识，被康熙任命为御膳房总管，而御膳房太监为了巴结韦小宝，专门给韦小宝做了一桌以云南菜为核心的珍馐佳肴。但同时御膳房太监也提醒韦小宝，千万别让皇上知道了，理由是御膳房从来没给皇上做过这些地方特色菜，防止皇帝吃上瘾，不然皇帝哪天想吃，但是地方上没得进贡，御膳房的下场就惨了。

虽然这只是金庸的文学作品，不能当真，但乾隆却实实在在经历了这样的"不幸"，有好吃的美食也因太监的一己私念，而终未吃成。据有关资料显示，乾隆年间，扬州盐商饮食之精致，天下闻名。乾隆下江南时，盐商便精心烹制了一桌酒席，献给乾隆。见乾隆毫无反应，盐商们大为诧异。于是花钱探听消息。太监说："你们的菜当然好，但是万岁爷要是吃惯了你们的菜，回到宫里要吃，我们怎么办？所以你们每道菜端上去时，我们就一律给放一大勺糖。"这一大勺糖下去，乾隆什么好滋味也吃不到了。

《清稗类钞》书封

3. 御膳不好吃的深层次原因

中国历朝皇帝都讲究吃，皇帝贵为九五之尊，普天之下，莫非王土；率土之滨，莫非王臣。既有数不尽的山珍海味和稀世珍品，能满足生活上的享受，还能达到延年益寿的目的，何乐而不为呢！

皇帝们食用之精致，历史上多有记载，就以周代的"八珍"到明清时的"八珍"为例，尽管内容几经变化，但历朝皇帝们对吃的讲究始终如一，即追求精致、精美和精华。就连颇为节俭的崇祯和他的皇后，每年的日常伙食费都高达16872两白银，其他皇帝就更不用说了。可是，花了这么多钱，浪费了这么多的人力物力还是吃不好。这是为什么呢？

首先与烹饪水平有关。古时候的烹饪技术远不如现在，更重要的是，当时的调料不够丰富，造成味觉单一，比如烤肉，没有孜然和辣椒，只有盐和蜜等极少调料，食之无味，弃之可惜。

其次，皇帝不能随便吃时鲜菜蔬和果品，特别是那些一年之中只有一两个月才有的果蔬，更不能让皇帝吃到。因为供膳的太监们担心皇帝食髓知味，随时要吃，比如夏天要吃冬笋，冬天要吃新鲜蚕豆，供奉不周，那是要掉脑袋的。

与此类似，具有地方风味的民间美食，皇帝更是吃不到，即使偶有机会，也像乾隆下江南时一样，太监从中作梗，皇帝还是吃不到。

另外还有一个重要的原因，就是宫廷规矩众多，进餐礼仪庞杂，为了不耽搁皇帝用膳，有的菜甚至在一天前就已做好，或煨在火上，或焖蒸笼里，皇帝用膳时马上端上去，自然好看不好吃。为了皇帝安全，宫廷还立有规矩，所有的菜，皇帝都只能吃一口。如果喜欢上了，吃了第二口，这道菜在几个月内都不会再上餐桌。因为怕被人知道皇帝爱吃什么菜，在菜里面下毒。

所以宫廷菜好看不好吃，是有道理的。

第二十四章 何玉柱：海纳百川的"点心大王"

1. 无数次研发才获成功

何玉柱称得上重庆将点心系统化和专业化的鼻祖，他于 1956 年调入重庆市饮食服务公司，先后在皇后餐厅、颐之时餐厅、味苑餐厅、会仙楼宾馆、重庆饭店点心部担任主厨。1978 年，经四川省人民政府批准命名为特级白案厨师。代表作品有菊花酥、凤尾酥及工艺造型点心。

关于他的代表点心如凤尾酥的创制过程，2017 年 3 月 11 日，何玉柱的儿子何志忠向本书作者做了介绍。他说，做凤尾酥难在两个方面，一个是面团，一个是油的掌握。面团和油一蹦出来后显得像花一样，但是又不散，铺开后，面团就像凤的尾巴那样，起*丝丝*，面团炸出来像波丝一样。但是很多人做不好这个品种。当时这个品种的前身是父亲从四川成都那边弄回来的，那是 60 年代初的事。那时他还年轻，通过交流带回来，再经过他自身的努力，做出来的凤尾酥比原来成都那个更提升了一些。因为原来的凤尾酥炸出来后，虽然也起丝，但是不像凤尾，他通过改进后，使凤尾酥达到了凤尾的效果。

"我记得当时我还小，父亲为了操练这个品种，在民族路餐厅对外供应了凤尾酥一段时间，一是观察市场反应，二是掌握实际操作经验。这个品种不容易掌握。我们以前在南京表演过这个品种，之后南京又专门把我接去，单独教他们，教了 1 个月，走后他们还是炸不起。"

何志忠说，做点心和做菜不同，菜可以在锅里调制，点心只要一下油，不成形就不成形，要么失败要么成功，没有挽救的余地。很多点心都是这种，下锅后就无法挽救了。所以点心的难度要大一些，成败的关键在于对面性和油温的掌握。

2. 传统手工工艺面临失传

宝剑锋从磨砺出，梅花香自苦寒来。何玉柱创制凤尾酥等名点，通过无数次研发，并经历了无数次失败，才获得了成功。

何志忠说，他们考特级都要考这个品种。考的是波丝酥一脉。面团面性不一样，要分很多类，最基本的就是子、发、烫、酥。子面就是水叶子面，抄手皮、饺子皮、面条这些都是子面，不经过发酵，直接用水和面。发面就是将面进行发酵，现在是酵母发酵，原来是老面发酵。还有就是烫面，拿开水把面烫熟，或者在锅里把它烫熟，它又分半烫、三七烫和全烫，凤尾酥就是全烫面。酥面是指像菊花酥、荷花酥等那样，看起来有层次，咬起来很酥脆的那种。面性要分很多东西出来，点心的变化就是这么来的。平常大家接触多的是发面、子面，包子、馒头都属于发面，烫面类型目前做得不是很多。

现在市面上没得凤尾酥，因为这个不好掌握，不适应于大规模经营，掌握不好，就做不起。手上的功夫很重要。最基础的面性、油温要正确，比如说要掌握好 200～205 摄氏度的油温，原来是看油花，看面在油里的变化，现在科学了，可以打油温表。他们通过打油温表，基本将油温控制在 200～205 摄氏度。油温正确了，面性正确了，下锅时的手不对也不行，也炸不出凤尾的形状。比如一个面团，捏成开山形状，一下去，见了热后，因为本来就是烫面，都熟了的，再加上有油脂在里面，遇到油就要爆发，一爆发，如果面性不对，面的油重了，一下子就散了，油面上形成锅巴，便凝不起。要恰到好处，待刚刚形成网状，箍得住又不飞，便见好就收。

所以现在大规模供应很难，除非功夫很到家，像父亲那辈那样，做一个成一个，卖起来就快。现在具有这样手艺的人很少，哪里还有供应？几乎要失传了。

3. 勤学苦练方成气候

何玉柱能成一代"点心大王"，并非偶然，与他勤学苦练有着直接关系。据何志忠介绍，即使何玉柱参加一次很简单的水饺比赛，也会认真准备，付出百分之百的努力。

何志忠说，南方的水饺用两根短的擀面棒，双手擀，北方是单手擀。"小时候在家，看见父亲很勤奋地练习擀面技术，手都打起泡了，就是为了在比赛中赛出好成绩。因为比赛规定，一分钟要擀多少张皮，包多少个水饺出来，他便在家练习。这是'文革'前的事了，时间大约是 1963 年。"

"另外，当时我还只有几岁，看见父亲在屋头练习拉泡糖。泡糖先要熬煮，然后拉丝，泡糖里面是空的，吃起来是脆的，父亲通过翻来覆去地拉，不停地做试验，最后终于做成了。在父亲的厨艺生涯中，无数点心品种就是通过他在屋头无数次试验，经历无数次失败后，才获得成功的。父亲相当刻苦，基本上不管家里的事，精力和时间全部用在了专业上，对工作很投入。

陪同采访的吴强深受感染，补充说："何玉柱老师是一个典型的技术控，他对手艺的专研，对品种的研发，对技术的精益求精，达到了一种极致。我讲个小故事，是我亲身经历，而且当时只有我一个人在场。

"1981 年味苑开业时，机械设备很少。点心恰恰需要机械设备，没烤箱，没打蛋机怎么做？后来终于有了。有次我在点心房，看见何玉柱老师一个人在打蛋糕浆子。他跟我说，'小吴，以前我们做的蛋糕又不泡，颜色也不正，我都不好意思说是味苑出品的。现在我不怕了，我们终于有了必要的机器设备'。脸上一副很开心的样子。"

吴强接着说："工欲善其事，必先利其器。何玉柱对我说这话时，只有我一人在场，那时我才 18 岁。他对工作如此投入，实在令人难以忘记，更让人感动。何玉柱就是通过这些机器设备，做出了味苑的一个非常出名的点心，叫卷筒蛋糕。当时供应量很大，就放在味苑门口一个小吃专柜卖，很卖得。"

4. 研制创新无矾油条

重庆人早餐爱吃油条，但传统油条里有矾，对人体有害。何玉柱便发明了无矾油条，由此还荣获了省、市科委金奖。

当时著名数学家华罗庚的优选法在全国推广，饮食行业也不例外，何玉柱便借助优选法对油条烹制加以改良和创新。

做点心的面团很多都是通过化学反应来达到蓬松状态，油条同样如此，何玉柱通过华罗庚的优选法进行排除，发觉不用矾同样能把油条炸泡，而且比有矾的效果更好，口感也要好些，当然难度也很大。

何志忠说，所谓面团蓬松，主要是通过酸碱中和产生的二氧化碳达到蓬松目的。而父亲发现，在油条中使用矾，主要是需要它的酸性，好与碱性中和，他便用其他带酸性却对人体无害的物质代替矾。经过无数次的试验，他终获成功。

何玉柱善于技术革新，这似乎也是他贯穿始终的一大工作特色，而且总是急顾客之所急，想顾客之所想。据何志忠介绍，20世纪60年代初，自然灾害后，当时粮食极其紧张，很多家庭都处于半饱状态，为了解决大家的温饱问题，何玉柱不断进行技术革新，把土茯苓做成花卷、馒头等食品，帮大家渡过生活难关。此外，当时处于困难时期，味精成了稀缺物，但烹制食物时又需要，他便通过淘米水发酵来提取味精，而且效果不错，很受人们称赞。

5. "世界棋后"倾情点心宴

众所周知，宴席都是以菜品为主，点心为辅。何玉柱反其道而行之，菜为辅，点心为主，在重庆别开生面地推出了点心宴。

何志忠说，父亲做点心宴，始于改革开放初期，从颐之时开始。大家都认为点心是宴席的配套食品，父亲却不这样认为，为了改变大家的这一观点，他开始做点心宴，有风味点心宴、特色小吃宴等。

点心宴一经何玉柱推出，市场反应极好。当时有着"中国第一位世界棋后"之称的谢军，到重庆交流棋艺，闻讯到颐之时专门吃点心宴。她说她不吃大鱼大肉，就爱吃点心。当然点心宴不仅仅只有点心，还有凉菜和热菜，并且点心和小吃配搭，内容非常丰富。

还有不少年长的寿星，也对点心宴情有独钟。据何志忠介绍，为寿星准备的点心宴叫松鹤宴，食品有长寿面、百子寿桃等。还有喜庆宴，即婚庆宴，点心有四喜饺、鸳鸯酥等。

第二十五章　李跃华：朴实无华的特级名厨

1. 名扬全国的"最佳厨师"

李跃华，1950 年以后，先后在重庆小竹林餐馆、重庆饭店、人民大礼堂、山城商场等处任厨师和厨师长，1978 年经四川省人民政府批准授予特级厨师称号。

1983 年李跃华获得全国十佳厨师奖杯（烹协供图）

在人民宾馆时，李跃华拜黄绍清为师，后者是抗战时随黄敬临的"姑姑筵"来到重庆的，也是一代名厨。经过大师指点的李跃华，厨艺突飞猛进，在重庆厨界开始小有名气。但他真正名扬全国是在 1983 年参加全国烹饪名师技术表演鉴定会后，该鉴定会也可称作全国首届烹饪大赛。这是一次规模大、级别高的美食盛会，集中了全国 28 个省、自治区、直辖市的 83 位著名烹调师、糕点师参加，引起了国家领导人、海内外烹饪界人士以及众多社会名流的极大关注。

当时各省只能组一个队参加比赛，但是四川比较特殊，给了成都 2 个名额，重庆 3 个，然后每个人做 4 个菜。李跃华的四款菜是咸菜

渝菜烹饪泰斗李跃华代表菜品：咸菜什锦

什锦、鸳鸯海参、干烧鱼翅 和百花肥头，其中尤以咸菜什锦匠心独具、与众不同，格外引人注目。

这道菜由灯影苕片、糖醋豌豆、香油榨菜、水晶藠头、盐渍仔姜、椒丝银芽、跳水菜头、辣白菜卷、芹黄千丝、泡椒胡豆、蒜泥黄瓜、芥末豇豆、珊瑚萝卜、盐水苦藠、糟醉冬笋、椒麻韭黄、蜜汁白果、红油黄丝等组成。

李跃华为了烘托效果，还用姜做了个假山，并在假山上布置了一些"花""鸟"，还借助电子产品发出鸟鸣声，一时成为大赛焦点，吸引了众人围观，人们情不自禁地发出惊叹声。

李跃华凭借此道素菜，技惊四座，深得评委们称道：此菜精雕细琢、味别多样、造型奇特、装盘美观，不仅具有新奇绚丽、返朴归真的特点，还展现了天府之国的富庶。由此，李跃华获得了"最佳厨师"称号。

2017 年 3 月 22 日，在百龄老友谊餐饮公司董事长吴强办公室，李跃华向本书作者介绍了他为什么做这个菜。他说："四川是天府之国，四川出菜。比赛时人多，做的菜也多，我就只有弄这个小菜，小菜有 20 样，十多个味型，酸甜麻辣咸，在这里面调味，有怪味，是四川比较有特色的。形态上有新意。"

1983 年李跃华在北京领奖（烹协供图）

2. 邓小平称他为"老乡"

李跃华在全国烹饪名师技术表演鉴定会上成名后，邓小平派人请他去做四道家乡菜，并请胡耀邦和赵紫阳一道品尝。

李跃华回忆说，四道菜分别是豆腐烧鲫鱼、麻婆豆腐、干烧鱼翅、鸡豆花。本书作者问："李老师，您当时知道是给小平同志弄菜吗，紧张不？"李跃华说："不紧张，自己做自己的，做菜的时候不要去东想西想，想这个想那个便要乱套。"他抽了一支烟，补充了一句："他们几个中央领导，最爱吃麻婆豆腐和干烧鱼翅，盘子几乎都吃空了。"

事后，邓小平还专门接见了李跃华，亲切地喊他"老乡"。本书作者问他："当时心情如何，激动吗？"他说："邓小平很和蔼，平易近人，因此我内心也很平静，没有特别激动之处。"

载誉归来后，李跃华所在的山城商场酒楼，改为跃华饭店。这是莫大的荣誉，以一位厨师的名字命名饭店或酒楼，别说重庆就是全国都罕见。李跃华对此却心静如水，他说那其实只是一种鼓励，提醒自己更要努力，技海无涯勤作舟，不要因为有了一点成绩，砸了"牌子"。

对此吴强深有感触。他说："李跃华老师内心很质朴，这也反映在做菜上。有件事我印象很深，对我的影响很大。当时味苑用鸡蛋清做菜是重庆最多的，比如芙蓉鸡片、熘鸡丝等，都要使用鸡蛋清。有次李老师炒家常肉丝的时候，就把剩下的不用的蛋黄用了，我就问他，家常肉丝不需要鸡蛋嘛，他说不用了可惜了嘛。后来我越想这个事越觉得有道理，首先不浪费，物尽其用，其次让普通消费者花家常肉丝的钱吃了熘肉丝，而且给青年厨师们立了一个很好的榜样，倡导节约，用现在话说就是具有正能量作用。"

3. 菜品没有高低贵贱之分

为人质朴的李跃华，其烹饪同样如此。他做菜的风格是快，因为心无旁骛、心平气和，没有思想包袱，所以才快得起来。

吴强说："李老师站炉子，就把自己当作一个炉子师傅，视服务为宗旨，动作麻利，一两个打下手的二十几岁的年轻娃儿，还搞不赢他。他炒了三四个菜了，其他人一个菜都还没炒出来。这虽不能说哪个对哪个不对，但站在经营的角度，为客人服务，李老师的风格更接地气一些。"

"李老师做菜信手拈来，不能说做得最好，但从供应的角度来看，每道菜都接近精品。有些师傅可能三天做一个菜，当然是精品，但是对于餐馆来说，缺少效率和经济价值。"吴强说，"李老师还有一个优点，就是认为菜品没有高低贵贱之分，虽然他已经是有名的烹饪大师了，但叫他炒家常肉丝，他二话不说，拿起勺子就炒。他也不觉得炒家常肉丝，有失他大师身份。不像有些大爷，只炒'高大上'的菜，如芙蓉鸡片、熘鸡丝等。"

吴强接着说："李老师做墩子，不讲究，随便拿起哪个的刀就切，我就看到他切过猪肝。当时大家都在切猪肝，他就跟着切，而且没有特意地做点秀摆点谱之类的。李老师站炉子就把自己当炉子师傅，做墩子就把自己当墩子师傅。他既可以做科研，又可以教学，还可以做供应菜，李老师确实是厨界的一个榜样，而且难能可贵的是，他一直都没有负面评价。"

4. 一眼就能看出菜差什么火候

关于李跃华，有人说，一道菜上桌，他只要看一眼，就知道这道菜差什么火候和哪些调料。因为过于神乎，本书作者出于好奇，问他这个传言是真的吗？

他说，有点过了，肉眼看不出差什么，但用筷子一尝，绝对晓得火候到位没有以及还差什么调料。

1979 年 4 月，李跃华参加了"四川省川菜烹饪小组"赴港表演，并于 1980 年任四川省与港商合办的川菜馆锦江春的副厨师长，陈志刚为厨师长。一次，欧美及东南亚各国烹饪专家共 150 人，在世界著名美食评论家亨利·高特的率领下，赴锦江春用餐。

亨利·高特对李跃华也有所耳闻，便提出在原定宴席中增加李跃华拿手的麻婆豆腐和水煮肉片。结果吃后，亨利·高特及全团人员，皆十分满意，称赞李跃华名不虚传。

这两道菜，李跃华烹制得与众不同。他说，豆腐只要中间那一块，上面下面都切去丢了。要麻、辣、烫、酥、嫩、鲜。水煮肉片要体现它的嫩气，名字叫"水煮肉片"，实际上是干的。肉片先浆好，浆的时候水分要够，水分不够干的就老气。此外，他还谈到干烧鱼翅，他说做这道菜时，一定要选上好鱼翅，汤一定要吊好。汤用火腿、鸡、鸭、肘子、干贝、甲鱼来吊。鱼翅要泡 8 小时，汤也要小火慢熬 8 小时。这样的汤便是最好的汤，称为红汤，制作工艺非常复杂。

1987 年李跃华赴美国新泽西州任竞成园酒楼主厨。在此期间，他为了迎合当地人口味，适当减轻了菜品中的麻辣味道，并创制了"龙凤配"等名菜，后于 1994 年赴深圳四川大酒楼任主厨，又创制推出了"三击掌"等大菜。

渝菜烹饪泰斗李跃华
代表菜品：水煮肉片

第二十六章 陈青云："工匠精神"成就厨道

1. 熬汤，通宵达旦地工作

以精细化工业闻名于世的日本，追根溯源，其实是"工匠精神"的一种具体体现。正如日本企业家稻盛和夫所言："企业家要像匠人那样，手拿放大镜仔细观察产品，用耳朵静听产品的'哭泣声'。"

以烹制牛肉"三汤"闻名的陈青云，无疑就是重庆厨界"工匠精神"的代表人物。他事厨60余年，钻研技术一丝不苟，为了掌握牛肉炖制的火候，常守候炉旁，通宵达旦，使炖制牛肉的技艺达到炉火纯青的地步。1978年经四川省人民政府批准，陈青云被命名为特级厨师。

解放前后，陈青云一直在重庆粤香村（后于1985年与老四川合并，统称"老四川"）担任主厨，因为他牛肉汤做得好，生意火爆，每天顾客都排着长队，买他做的牛肉汤。为了满足顾客需求，粤香村每天要做七八桶牛肉，这样陈青云的工作既紧张又辛劳。

每晚12点半，别人睡得正香的时候，陈青云却要踏着夜色，匆匆忙忙地去上班。为了保证质量，陈青云整夜都不睡

陈青云获得四川省人民政府颁发的
"从事科技工作五十年"荣誉证书

觉，一桶一桶牛肉地打泡子，每隔 15 分钟一次，还要观察火候，随时添加煤炭。哪桶先熟，哪桶后熟，他心里都要有数，以便及时处理，好进入下一道工序。要是等一起熟后再起锅，有些牛肉就溶了，这样做出来的牛肉就不正宗地道，不好吃，与陈青云具有的"工匠精神"不相符。

到第二天中午餐馆收堂，陈青云才回家，倒头便睡，任何人不得去打搅他，即使吃饭也不喊他，不然他就会冒火，甚至把你骂得狗血淋头。陈青云时间观念很强，睡到一定时候，他自己会起床，该吃饭吃饭，该喝酒喝酒，然后待家人都睡了，他又踏上了去上班的路。

2. 干啥子，不要我革命吗？

具有"工匠精神"的陈青云，对工作非常认真，甚至到了极端的地步。在这方面，行业中还流传着一个有关他的趣事。那时牛肉是整头整头进的，陈青云就要去下牛肉，然后分档，不是他一组的人，包括与他同时代的烹饪大师如姜鹏程等，去帮忙下牛肉，他说："你干啥子，不要我革命吗？你来剥夺我革命的权利吗？"

好心当成驴肝肺，气得与他辈分和年龄相差无几的姜鹏程，拿起刀头也不回地就走了。

2017 年 3 月 27 日，陈青云的儿子陈德生就他父亲严肃的工作态度，向本书作者做了介绍。他说："牛肉要分档，牛一来，父亲就开始动刀，一筛一筛地把档分好，这是红案的，这是冷菜的，这是汤锅的。牛肉分好后，才喊其他人来拿。没弄好，不能来拿。父亲分档做得很清爽，卫生清洁工作也做得很好。现在的这些人赶不到他那个职业道德、厨师素养。"

陈德生接着说，"父亲烧红烧牛肉也是一绝。他'啪啪啪'把肉切成四方墩，就出水，这一道工序叫深宰，深宰烧出来的牛肉倒轮，牛肉烧好端出来都还有轮廓，是成形的一坨。父亲红烧牛肉的香料配备很讲究，山奈、八角、桂皮、丁香。丁香略放多了一点就会发苦。这几样一定要搭配好，不然烧出来的牛肉不香。现在好多人的红烧牛肉赶不上父亲做的。"

陪同采访的吴强补充道："陈青云老爷子给我们的印象，是典型的革命厨师。在我们这个行业里没哪个达得到万小时定律，陈老爷子就达到了。万小时定律就是一件事情连续做一万个小时，你自然就是大师。除此之外，陈青云老爷子烹制的牛肉'三汤'确实好吃，达到了一个境界。"

"他即使不品尝，隔着很长一段距离，用鼻子闻就知道你弄的牛肉还差什么火候、牛肉炖到哪种程度和缺少什么调料。"陈德生说，"我在成都军区工作时，有次我炖牛肉汤，父亲吃完早饭，闻了闻就说，'德生，你今天这个汤味道好像不对头哟？你们军区的姜不要钱呀？'我说你这话是什么意思？他说你姜放多了，至少多了半斤。我一尝，硬是。他不仅能闻得到姜放多了，包括料酒、花椒等放多了，他一闻就闻得出来。"

3. 学徒吃不了苦，都跑了

陈青云徒弟众多，因为太苦太累，其他人都走了。只有女弟子凌朝云不放弃，方得真传。

凌朝云来自农村，1958年开始跟陈青云学艺，刚来时打杂，但是能吃苦耐劳，在工作中任劳任怨，又有实干精神，陈青云对其另眼相看，便开始慢慢教她手艺。而凌朝云也很用心，从不嫌脏怕累，遂一步一步地掌握了烹制牛肉的技术。

当然，陈德生也是父亲陈青云的嫡传弟子，但也经历了很漫长的过程。陈德生说，他于1976年高中毕业后，顶替母亲到小洞天（当时叫朝阳饭店，"文革"期间叫红岩餐厅）工作，后调入成都军区。在此期间，他准备开老四川饭店，便把父亲接到身边当技术顾问，陈青云才把技艺完完整整地教给了他。

对于陈青云只有凌朝云一个徒弟，其他徒弟都半道离开的现象，吴强也发表了他的看法。他说，每天晚上都要熬夜，通宵达旦地工作，陈青云要求又严格，工作时间长，选料、火候、火工又很讲究，很少有人受得了那种苦，不走才怪了。再说，那时学手艺也有功利色彩，做炉子、墩子的就是大哥，汤锅非主流技术，虽然此观点有失偏颇，却是很多人的真实想法。

4. 脚踏实地的"工匠精神"

"工匠喜欢不断雕琢自己的产品，不断改善产品工艺，本着用户至上的原则，对工作精益求精，有着完美乃至苛刻的精神理念。"这就是世界崇尚的"工匠精神"。

日本有一位84岁的爷爷,被日本国民喻为"煮饭仙人"。他每日专注于煮米饭,已有五十多年。在他眼里,不好吃的叫作米饭,好吃的叫做饭,用爱做出来的米饭才是最好的饭。

"煮饭仙人"做饭的电饭煲全世界只有3个,有温度显示器和水分显示器,他做饭时大致有7个步骤:(1)做"米饭广播体操"锻炼身体;(2)挑选大米,要选色泽明亮、晶莹剔透的大米;(3)精准测量米量;(4)淘米,向大米桶里倒入水然后快速将水倒掉,而后用手在米中转圈不断搓米,如此反复几次;(5)泡米,往淘好的大米中倒入水,浸泡40~60分钟;(6)煮饭,首先煮饭的水应静置一晚上,从而把水中的漂白粉和其他杂味统统去掉。煮饭先用小火煮10分钟,而后转大火煮10分钟,在上气后每隔数十秒用手轻轻转动锅盖,这样可以防止饭汁沸溢、米饭结块;(7)煮好的饭要焖上15~20分钟,这样米饭味道更香,最后盛饭时应一圈一圈地先盛表面一层。

2016年,王小丫主持的《回家吃饭》节目,专门请这位日本老人在现场进行了展示。据介绍,老人每天做500人的饭,500人都是排队去吃。他在节目中做饭就像在生活中做饭一样,又听又闻又看,其实他不用这样也能把饭煮好,但他就是为了找千分之一、万分之一、十万分之一的差距,才如此认真和投入。

"一碗米饭,一份坚持;工匠精神,造就传奇。"看了这档节目的很多观众,都不由自主地发出了这样的感慨。

曾被英国BBC电视台公认为最具工匠精神的上海"阿大葱油饼"的制作者阿大同样如此。阿大生活清贫,收入不高,所带传人因此全都跑了。但阿大30多年如一日,每天凌晨3点起床,风雨无阻,提面粉,揉面团,醒面,煎了烤,再脱油,半个多小时出锅,其间不断地翻。每天只做300个,每个售价5元,每人限购10个,但买他饼的人即使排队4到5小时,依然络绎不绝。

日本煮饭老人和上海做葱油饼的阿大,所具有的工匠精神,陈青云也具有,也正因为如此,才成就了陈青云"牛肉汤大王"的称号,也奠定了他作为一代烹饪大师光明而崇高的厨道。

第二十七章　大师春华秋实各有所长

1. 张国栋：冷菜烹饪技艺体系开创者

被业界称为重庆冷菜烹饪技艺体系"开山鼻祖"的张国栋，1950 年以后在重庆冠生园事厨，1978 年经四川省人民政府批准命名为特级厨师。

2017 年 3 月 3 日，张国栋传人郑显芳谈到老师时说，张国栋 1958 年调到北京人民大会堂宴会厅工作，主要负责冷菜，职务类似冷菜总厨。当时，外事任务多，接待任务重，凡是涉及冷菜，张国栋都要主持，要走好，他的功夫没得说，绝对一流。张国栋在人民大会堂工作了 4 年，1963 年再回到重庆冠生园工作。1979 年 4 月，他参加"四川省川菜烹饪小组"赴港表演，制作的食物雕花和大型冷菜造型拼盘，受到了赞赏。1982 年调到重庆市中区饮食服务公司技术培训班从事教学工作，同年赴美国华盛顿，在四川省与美商合办的会仙楼任厨师长。

张国栋在去人民大会堂宴会厅前，已经是行业佼佼者了，他却并不因此而满足，利用全国各地名厨云集的机会不断学习，熟练掌握了雕花艺术，并在重庆将其发扬光大。

2017 年 3 月 5 日，张国栋徒弟曾群英对此深有感触，她说："张老师擅长宴席凉菜，全面而系统，他的雕花艺术也是一绝，是他从北京带回来的技艺。雕花对菜品起美化作用，像拼盘就要配雕花，有的老师擅长雕刻，不擅长用，张老师既会雕又会用，让冷菜体系更加成熟也更上档次。拼盘加上雕花，便从静态变为动态，生动而活泼，既是食物也是艺术。"

曾群英是重庆著名的凉菜女状元，她的刀功也得到了张国栋真传。她说："徐德章老师是生刀工，我们是熟刀工。生刀工就是比如猪肉是生的，切肉丝、肉片。熟刀工就是成品，熟了后要摆盘的，要弄一定形状，用刀口来做造型。"

关于张国栋，1985 年版《川菜烹饪事典》做了如下总结：在技术上精益求精，尤长冷菜，经他口述而整理的《冷菜制作与造型》一书总结了他在冷菜制作上的丰富经验。他还通晓粤、浙、京各大菜系的制作技术。代表菜有：推纱望月、春色满园、茄汁鱼脯、玲珑鱼脆、碧桃海蜇、松鹤遐龄等。

2. 黄代彬：独特咸菜别树一帜

"咸菜专家"黄代彬，曾在重庆饭店、粤香村、味苑餐厅任厨师。他烹制咸菜技艺独特，这也成就了他在重庆厨界的名师地位。

曾群英既是张国栋的学生，也是黄代彬的弟子。她说，1975年我参加重庆饭店第一期培训班，老师就是黄代彬。他教我们做泡菜的方法很独特。比如泡青菜放红糖，泡海椒加冰糖，加了红糖的青菜颜色好，味道也正。加了冰糖的海椒，颜色发亮，看起来就像刚泡一样，鲜嫩如初。

曾群英补充说，泡青菜加红糖和泡海椒放冰糖都是黄代彬的特点，具有独到之处，与我们传统泡法大相径庭，外界对此更是一无所知，也可说这是黄代彬的一门绝活。泡咸菜又有"大小之分"，大咸菜用大坛子成年泡，一坛能装几百斤，包括酸萝卜、酸青菜、泡海椒、泡姜等，汽车成吨拉来泡，一年四季都要用。

小咸菜就是跳水咸菜，现拌食用。对此曾群英说，跳水咸菜要用应季时蔬泡，天天都要换坛，不然坛水会发酸。一般泡时要倒一半水出来，再加一半鲜水进去，把它稀释了，才不会发酸，盐水清凉，颜色也好，吃起才脆。泡时还要放点干海椒、花椒、酒在坛子里面。

1985年版《川菜烹饪事典》在总结黄代彬厨艺生涯时如此评述：他擅长咸菜制作，能用笋、芹、瓜、豆、藕等时鲜蔬菜拌制出各种味别的咸菜，曾为中、日合编《中国名菜集锦（四川）》制作提供拍摄入书的名菜咸菜什锦。

3. 吴海云：食客中有不少戏剧名角

1950年后，吴海云在重庆饭店任厨师；1964年调粤香村担任厨师；1981年后调重庆味苑餐厅主理厨政，并担任厨师培训班教师；1982年秋赴美国华盛顿，任四川省与美商合办的会仙楼餐厅副厨师长。1978年经四川省人民政府批准命名为特级厨师。

会仙楼外观（摄于 1949 年）

对于吴海云，其传人舒鸿文于 2017 年 2 月 24 日，向本书作者谈起了对他的印象。舒鸿文说，老师为人小心翼翼，谨言慎行，但做事干净、细腻，特别是他做的菜，从外观看非常精致和清爽。以前食客都有跟着堂倌和掌门走的习惯，吴海云每到一处事厨，都会带来一批食客，用现在的话说，他"粉丝"不少，其中不少还是戏剧界的名角。

舒鸿文说，这些戏剧界名角嘴刁，却非常喜欢吴海云做的菜，如鱼香肉丝、盐煎肉、火爆肚头之类，一来二往他们就成了朋友。吴海云除喜欢喝茶之外，也喜欢听戏，因为与戏剧界的人熟得很，去看戏时说一声找哪个，票都不买就进去了。闲时无事，吴海云还会哼几句，但对徒弟很严格，不过舒鸿文对此却很感激。

《川菜烹饪事典》对吴海云的总结是：精通川菜制作技术，长于小煎、小炒，对筵席大菜的制作也能得心应手。其代表菜有菊花鲍鱼、叉烧全鱼、玫瑰锅炸、小煎鸡等。1989 年，吴海云被四川省人民政府授予"从事科技工作五十年"荣誉证书。

4. 陈述文：服务也是一门艺术

在重庆餐饮业中从事服务和招待工作的陈述文，1978 年经四川省人民政府批准命名为特级招待师。他曾任重庆味苑餐厅招待组组长，并兼任培训班教师。

陈述文英语不错，能与外宾直接对话，这在 20 世纪七八十年的重庆非常不易，他也算得上行业中的一个奇才了。

招待工作看似简单，其实复杂。2017 年 3 月 5 日，陈述文徒弟娄荣慧就此专门做了介绍。她说，首先要面带微笑，语言要规范。客人来了要带客入座，入座后，要斟茶、上热毛巾等；然后就是上菜、斟酒、撤盘；客人离开时怎么收账、怎么与客人道谢等，都有严格的规定。比如为了练习托盘，托盘上面要放一瓶白酒、三瓶啤酒、两瓶饮料和一瓶红酒，重量达十二斤，服务员要托着托盘走十张桌子远。为了锻炼稳定性，还要端起托盘穿花，在桌子之间转来转去。倒酒时还要讲究角度，手背起倒。那时红酒没有分酒器和醒酒器，都是拿起瓶子直接倒，为了不把酒洒到桌子和客人身上，斟酒时瓶子必须快速转一圈。这就很考功夫了，服务员必须勤学苦练才能掌握要领。

除此之外，一同接受采访的原"味苑"学员郑祥玲说，服务员还要了解餐厅有哪些菜，厨师是谁，每个菜是什么味型、主辅料有哪些、烹制上有哪些特点，等等，以便向顾客推荐和介绍。

据娄荣慧介绍，陈述文还曾被派到北京饭店、人民大会堂和四川饭店学习过，内容是包括国宴在内的各种高级宴会的服务和接待工作。回重庆后，陈述文曾任重庆饭店招待组组长，后又调长寿川维厂从事外事接待工作，1981 年再调回重庆，任味苑餐厅招待组组长。

5. 刘应祥：幽默大厨擅长培训

1956 年，重庆成立南桐矿区，刘应祥作为人才，便从颐之时餐厅调到了南桐矿区饮食公司，支援矿区建设。

他在南桐矿区，先在一家名叫吴家园的餐馆主厨，后来在当地办的烹饪培训班任教。因为刘应祥学识渊博，博古通今，又具有良好的口才，培训班办得有声有色，在当地乃至重庆，都产生了比较大的影响，

也许正因为如此，当吴万里主导重庆饭店举办培训班时，便想到了刘应祥，准备把他调回重庆任教。对此过程，刘应祥的女儿刘永丽记忆犹新。

2017 年 3 月 5 日，她向本书作者介绍到，1975 年，时任重庆市饮食服务公司培训科科长的吴万里，几次到南桐矿区，协商调刘应祥回重庆的事情。调动难度非常大，矿务局不放人，吴万里又惜才爱才，始终不妥协，最后几经协商，暂以借调形式把刘应祥调回了重庆。刘应祥先在重庆饭店任教，后又去了味苑餐厅工作。

吴万里之子吴强回忆道："刘老师能说会道，不管是同辈还是学生问他问题，他总是有问必答，大家对他都很尊敬。刘老师还很幽默，讲笑话时没有夸张的肢

体语言，表情严肃，一本正经，却逗得人哈哈大笑，他自己却不笑，有意思得很。我还见过刘老师做菜，用拖刀法切鸡丝，信手拈来，有大家之范。"

吴强接着说："其他老师上课，更多的是传授专业技能，而在刘老师课上，专业之外学生还能学到相关的文化知识。所谓功夫在师外，刘老师的课让人涉猎广泛、眼界大开。刘老师还有一个可贵之处，一直没有负面新闻，因为他超凡脱俗、与世无争，没人把他当成竞争对手。他坐到头墩子那里，大家就觉得那个画面很和谐。"

《川菜烹饪事典》对刘应祥总结如下：刘应祥，1984年经四川省商业厅批准命名为技术顾问（相当于特三级厨师）。他技术全面，红案、白案、冷菜均能胜任，尤长于筵席大菜制作。1980年为中、日合编《中国名菜集锦（四川）》制作供拍摄的名菜点。

第二十八章 陈鉴于：吃在中国，味在天府

1. 精湛厨艺技惊"万人大会"

1952 年，担任和平解放西藏任务的解放军第 18 军，根据工作需要，派员到重庆调动包括烹饪和医务工作者在内的后勤人员，随军到西藏工作。当时在和记饭店即后来的山城饭店工作的陈鉴于，因为具有良好的政治素养，加上专业技术过硬和身体条件出色，有幸被选中。

他们一行几十人，在第 18 军一个营长的带领下，辗转来到昌都警备区，陈鉴于先当炊事员后任司务长。有不少从北方到昌都的人员喜吃面条，但面条都是靠陈鉴于手工制作，一顿饭下来，把人累得筋疲力尽。陈鉴于便向部队首长建议，能否去成都买一个压面机和给菜地淋水的灌压机。

部队首长同意了，机器买回来后，压面机省时省事自不必说，用灌压机浇灌的蔬菜长势良好，当地很少吃到蔬菜的部队官兵，也美滋滋地吃上了蔬菜。

1955 年，陈毅元帅受党中央和毛主席所托，率领中央代表团到昌都召开万人大会，目的是团结少数民族，推动西藏实行民主改革。会议伙食由陈鉴于负责，可用时间紧、任务重来形容。他考虑到当地气候和饮食习惯，便把牛羊肉当作猪肉做，烹制了富有特色的牛肉烧白、烤羊腿、炸羊排等，与会人员吃得格外满意，对陈鉴于大加称赞。陈毅元帅也很高兴，叫随从人员拿出 500 元人民币，作为对陈鉴于的奖励。

2. 爱新觉罗·溥杰赠送字画

1984 年，陈鉴于受学生邀请，到北京渝园餐厅主厨。有一天，清代最后一

爱新觉罗·溥杰（摄于 1981 年）

个皇帝爱新觉罗·溥仪的弟弟爱新觉罗·溥杰来此就餐，他对服务员说："炒个肉丝。"陈鉴于亲自动手炒了北京人最爱吃的木樨肉丝。

溥杰吃后，深感意外，如此美味，出自何人之手？溥杰便对服务员说："这是正宗的北京菜，我吃过上百份，但在这之前从未吃到这么嫩、滑、鲜、上口的木樨肉丝。这个北京厨师比其他的北京厨师技高几筹，是谁呀？"

站在溥杰旁边的陈鉴于的学生说："您老吃的这个菜是我们老师炒的，我们老师不是北京人，是地道的四川人，正宗川菜名厨。"

溥杰听后，更是惊讶不已，四川厨师弄出了超过北京厨师的北京菜，他深感意外并由衷地钦佩。

陈鉴于的学生知道溥杰是宣统皇帝的弟弟，是享誉国内外的大书法家，便对他说："您老说我们老师炒的菜好吃，您给他写个字嘛。"

溥杰吩咐那学生把陈鉴于喊了出来，问："你这个四川厨师怎么能炒出如此高妙的北京菜？"

陈鉴于回答道："身为厨师，不懂我国主要菜系，不懂博采众长，那怎么得行？"

一个是书法大师，一个是川菜大师，虽然行当不同，但均系所在行当的顶尖级人物。一个是曾经的皇族后裔，一个是平民家庭的后代，两人虽是初次见面，却自然产生了亲近的感觉，溥杰主动向陈鉴于握手问好。

溥杰走后，在家里给陈鉴于写了"艺海无涯"的字幅，由陈鉴于的学生取回后交给了陈鉴于。溥杰的字当时在日本每字值 200 美元，在国内更是值钱。陈鉴于非常珍惜与溥杰的友谊，视他所赠书法为珍宝，因此无数次面对闻讯上门收购溥杰字幅的商人，不管对方出再高的价，他都不卖，而是交由家人珍藏至今。此后溥杰还送给陈鉴于一幅他亲手画的梅花图，同样有人想出高价购画，甚至达到了 1200 美元的价位，但陈鉴于依然不为所动，一一拒绝了。

3. 一幅画换得大师亲自主厨

中国著名雕塑家、画家袁晓岑，从云南途经北京去日本考察，慕名在渝园餐厅请客，指定由陈鉴于主厨。

经过打听，陈鉴于了解到袁晓岑是中国美术界的一位重量级人物，对艺术有着强烈热爱的他，提出了一个让袁晓岑颇感意外的要求："我可以主厨这台宴席，但袁晓岑先生必须送我一幅画，并在画上题字签名。"袁晓岑听后，没想到这个大厨居然对书画具有如此浓郁的兴趣，而且好像对自己还很了解，并有仰慕之心，既然如此，那就满足他的愿望，送一幅画何妨。

著名画家袁晓岑（摄于 1980 年）

袁晓岑马上取出文房四宝，挥毫泼墨，画了幅在一泓清水中，秧苗翠绿，一群幼鸭嬉戏的画，取名《鸭秧画》。然后叫随从把图放在包内，待吃饭时送给陈鉴于。

袁晓岑和所请客人享用了陈鉴于亲手烹制的菜肴，赞不绝口，觉得陈鉴于名不虚传，有大师之风，便按约定，爽快地叫随从把《鸭秧画》送给了陈鉴于。此时席桌上正好有一家书画店的经理作陪，见状，待袁晓岑一行离去，他便找到陈鉴于，满脸笑容地说："陈老师，让我看看《鸭秧画》。"

陈鉴于拿出画来给他看后，这位书画店经理爱不释手，并不加思索地说："袁晓岑先生的字画，世上很难看到，我给陈老师出 800 元，卖给我装点门面如何？"

陈鉴于想也不想，立刻就拒绝了对方的要求。

4. 重庆大厨名震上海滩

1985 年，陈鉴于出任上海天府大酒家厨师长。一次，上海电视台宴请著名戏剧家曹禺，就餐地点就在上海天府大酒家。

陈鉴于是一个具有文学艺术素养的美食大师，因此对曹禺了解甚多，知道他于抗战时期曾在重庆生活过，创作了《日出》《雷雨》等众多名著，与鲁迅、郭

著名戏剧家曹禺（油画1949年）

沫若、茅盾、巴金、老舍齐名，在业界有"东方的莎士比亚"之称。

上海长江入海口盛产江团，这种鱼无鳞甲，上海人不吃无鳞甲的鱼，而江团肉质细嫩，味道鲜美。陈鉴于便用江团烹制了一道家常菜——大蒜烧鱼。

曹禺吃得尽兴，剩下的几块要用一个玻璃罐带回去。陈鉴于在京城耳濡目染，深知名人效应，便对大堂朱经理讲："曹老这种名人到这个地方来，便是很荣幸的事，他要将剩下的鱼带走，不如再给他弄一份。"

征得同意后，陈鉴于很快就又给曹禺弄了一份大蒜烧鱼，并用碗装好送给了曹禺。曾在重庆生活过的曹禺，没想到几十年后，又能在上海吃到具有重庆风味的川菜，心情自然十分激动，因此对陈鉴于印象颇深，便叫人把他从厨房请了出来，问候握手之后，还一起合影留念。

上海天府酒家觉得这是一个营销机会，可以借此扩大酒家的影响力，于是将陈鉴于与曹禺的合影放大后，摆放在大门口的广告灯箱里，吸引过往行人的注意。

渝菜烹饪泰斗陈鉴于代表菜品：大蒜烧江团

上海人普遍对曹禺怀有仰慕之心，见曹禺曾到这里用过餐，而且通过与主厨合影的方式，表达了他对这家酒家的认可，便认为这家酒店不错。于是一传十、十传百，顾客纷纷登门，络绎不绝，上海天府酒家由此生意兴隆，陈鉴于也名声大振。

1987 年，日本影星中野良子访问上海，曹禺作陪，再次光顾上海天府酒家。陈鉴于对这位主演过电影《追捕》的日本影星非常敬佩，再加上有老熟人、戏剧大家曹禺作陪，决定大展一下身手。

他用蟹肉和虾肉做了一道名叫"海棠蟹斗"的造型菜，又做了一道汤菜"持螯玩珠"。接着陈鉴于又做了一道叫作"熊猫戏竹"的冷盘。大家吃后，众口称道，并给予陈鉴于热烈的掌声。曹禺趁着高兴，挥毫写下了"吃在中国，味在天府"的墨宝，送给了陈鉴于。第二天，上海《新民晚报》以"中野良子吃川菜，吃得手舞足蹈"为题，在显要位置刊发了消息，再次让陈鉴于名扬上海滩。

5. 菜不分东西，味不分南北

纵观陈鉴于的厨艺人生，他走南闯北，因此得以博采众长，并将各地菜系的精华融于川菜之中，并在此基础上创制了大量菜肴。

2017 年 3 月 16 日，陈鉴于之子陈波告诉本书作者，他父亲陈鉴于有一句口头禅，"菜不分东西，味不分南北"。这句话的意思是各菜系之间应该相互学习，优势互补，才能够共同提高。这实际上反映了陈鉴于兼收并蓄的思想，他也因此自成一体，学有所成。

陈波说，他父亲陈鉴于还有一个特点，就是善于创新。他常说"创新是菜肴的生命"。因此他不断寻找新的烹饪食材、新的调味料、新的烹制方法等，并在实践中加以运用，对菜品进行改良和创新。

陈鉴于的传人张正雄说："陈鉴于老师有几句话，让我印象深刻。'人没读过书，就认不到字'；'人不识字糊涂死'；'作为优秀的厨师，一要有扎实的基本功，二要经常总结经验，三要有持之以恒的创新精神'。"

"陈老师之所以有所成就，除了他技术高超外，与他尊重文化知识的虔诚态度有关。他认为烹饪与文化有一脉相承的关系，因此不停地学习文化，并把他的烹饪经验及各个时期的创新菜品，用文字记录下来，并不断地加以总结和提炼，为创新和改良菜品奠定基础。"

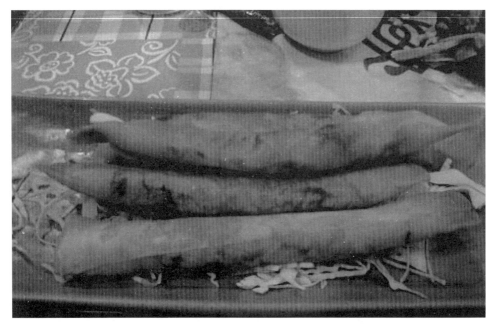

渝菜烹饪泰斗陈鉴于代表菜品：蛋皮春卷

张正雄特别强调，介绍陈鉴于的拿手菜，有一个必须写一下。他说："这个菜是他的家乡菜，叫蛋皮春卷，是他在家里请客时必上菜之一。若他春天做这道菜就用春芽，夏天就换成莴笋，做成莴笋丝。这道菜用鸡蛋调面粉，这样炸起来就脆，若只用鸡蛋的话，就是软的。陈老师对蛋皮的使用是做了研究的。

"他做这道菜时，先找两张餐巾纸，浸了油后在锅里擦，然后把蛋液倒下去，要呈猪腰子形，长椭圆形。现在的人是做圆的，丢头很大。蛋皮摊好后，他不起锅，把锅端到一边去，辣锅冷油，锅一冷，蛋皮自己拱起来了。蛋皮摊好后，肥瘦肉丝、莴笋丝，把味调好后，用手把汁水挤干净，然后把春芽和在里面，就很香了，裹成一条一条的，然后炸，再切成斜刀。传统的，蘸起吃，舒服安逸得很。"

第二十九章 陈文利：不能让人小看重庆大厨

1. 从粤香村到京西宾馆

"码头工人"出身的陈文利，1950 年后在粤香村事厨。后著名的北京京西宾馆招人，门槛自然高，不仅要求厨艺过硬、技术精湛，还要求根正苗红、政治觉悟强，有强烈的事业心和高度的责任感。陈文利出身贫寒，又当过码头工人，还是共产党员，因此得以通过政审，去了京西宾馆。

在此之前，陈文利的经历颇为不俗，他曾给重庆市市长曹获秋当过专职厨师。据资料显示，曹获秋从 1949 年 11 月起，先后任中共重庆市委第三、第二、第一书记，中共四川省委第三书记，重庆市副市长、市长。1955 年 11 月调至上海，先后任中共上海市委副书记、市委书记处书记，上海市常务副市长、市长。

2017 年 3 月 3 日，陈文利徒弟王志忠告诉本书作者，陈文利老师最早是曹获秋的专职厨师，后跟曹获秋调到上海工作。到上海后，不知何故，他又到地质勘察队去了，然后又从地质勘察队回到重庆粤香村，再调到京西宾馆工作。当时他 30 岁出头，年轻又有功底，还是共产党员，风华正茂，前途光明。不过，或许是不适应北方气候，身体状况不好，再加上老婆在重庆纺织厂工作，夫妻两地分居，诸多不便，他便申请调回重庆。回来后，他在沙坪饭店的前身红旗饭店工作，主要负责教学，时间大致是 1968 年。

"陈文利老师在京西宾馆增长了见识，学了一些西餐的做法，所以他的菜品有点中带西的做法，而且刀工出众。" 2017 年 3 月 16 日，陈文利的另一传人张正雄如是告诉本书作者。

渝菜烹饪泰斗陈文利代表菜品：银芽鸡丝

渝菜烹饪泰斗陈文利代表菜品：白萝卜雕孔雀

2. 刀工浑然天成

陈文利的刀工出众到哪种程度，张正雄举了一个例子。他说："川菜包括甜品小吃，其中有个传统品种 —— 果羹，如银耳果羹、牛奶果羹等。陈文利老师做果羹，一个广柑拿在手上，咔嚓咔嚓地削，削完了，两个手指拿到的全是肉，没皮子，软扣，再左一刀、右一刀，一剥，一会儿就剥完了，只有广柑那个膜了，所有肉都在一个碗里。速度之快，给人鬼斧神工、浑然天成之感，让人目不暇接。然后拿筷子把籽挑了，煮在汤里。我在新桥餐厅看到他这样做过几次。从这些方面看得出老一辈厨师的功底，非一般人可比。他们的刀工都是苦练出来的，没有捷径可走。"

张正雄接着说："陈文利老师的拖刀法也很厉害，以他做的银芽鸡丝为例，好多人切鸡丝都切不出来，而陈老师做这道菜时，采用拖刀法，哒哒哒地拖起，旁边人看得目瞪口呆，只看到刀在飞，拖出来一根一根的，就像火柴棍一样。还有他码芡，也是与众不同。按照书上写的，炒任何肉都是先码盐，再码蛋清、豆粉。但他不是，反其道而行之，先码蛋清，再码淀粉，最后码盐。我就问他怎么如此码呢？他说鸡丝太细了，码了盐再码豆粉可能滑的时候不容易滑散，而且光泽度不好。"

张正雄言犹未尽，接着说："事实证明确实如此，有一次，北碚举办职工技能大赛，一个熟悉的厨师团队参加了这次大赛，报了一个鲜熘鸡丝。我在旁观看，觉得他们那种方法要不得，我就把陈老师的方法跟他们说了一下，他们照此做了，结果得了个二等奖。那些评委都佩服他们，做出来的鸡丝，根根都断，全部如火柴棍粗细，发亮。"

3.厨艺与众不同

除刀工之外，陈文利的厨艺也很了得，还有一些与众不同。张正雄说："有一年，日本烹饪料理团到沙坪坝考察学习，陈文利老师负责整个菜品，我负责摆高装碟，王志忠负责做热菜。我做了个白孔雀，雪白的，用白萝卜皮削成孔雀羽毛，最后组合成一个白孔雀。当时有一个菜让我感受很深，做的一个高装碟，很简单的胭脂萝卜，切的一字条，把红皮朝上。要走菜了，服务员来端菜，陈老师说不忙，我见他把那个盐水沥到碗里，然后把碗里的盐水从上面淋下去，这个动作一般人根本看不出来。那点水一去，菜便变得色泽光亮，香鲜至极。功夫好深，就是这样一个小细节，既让我看到了他的认真，又见识了他的功底。"

"还是在新桥餐厅，有次陈老师来耍，正赶上我们在切冰冻腰子。"张正雄说，"为了学得技艺，每次陈老师来，我绝对不喊其他人做菜，全部是我做，好多年都如此。因为可以现场得到陈老师的指点，没做对的地方，能及时得到他的纠正，好的方面能在他的肯定中得以发扬。当时，我切了冰冻腰子后，准备炒了吐血水。陈老师见了，把袖子一挽，嘴里说'过去过去，我来'，他再次反其道而行之。"

张正雄说："按照行业传统做法，炒腰子要先码芡，但陈老师不是。腰子上来他是先弹点盐在里面，然后一簸，水就出来了，再找张纱布把水分一吸，接着才码芡，这个动作好厉害。他晓得冰冻腰子和鲜腰子性能不一样，腰子冻后有水分，就要事先脱水，排泄水分再码芡。这功夫好精，是我亲眼所见。而且他切腰花时，片开了后，有个弧度，把刀往上面一翘。为啥要翘？他说翘了后炒出来的腰花是弯曲的，好看。这些细节很厉害。"

4.与徒弟亦师亦友

陈文利酒量惊人，在这方面故事不少。据王志忠介绍："他很亲切，为人随和，空闲时还会跟年轻人扭扁担，看哪个力气大。他喜欢喝酒，酒量很大，一般情况下，很少有人能把他喝倒。他喝了酒回家，送他的不管是徒弟还是徒孙，到家后，他会再叫你喝三杯，不然不放你走人。他那个杯子二两大，三杯酒下肚，就是六两，一般人都招架不住。所以晓得他有这一规矩后，喝了酒再次送他，到了他住的楼下，我们便大喊'师母、师母，快来接陈老师'，然后撒腿就跑。"

　　王志忠说："陈文利老师喝酒不讲究，什么酒都喝，二曲、头曲、特曲，瓶装的、散装的都喝。当时我可以喝一斤四两左右，但多次与他较量，总是输多赢少，他比我厉害。我们与他是新型的师徒关系，亦师亦友，关系比较亲近。他喝了酒还要哼唱京剧，唱的是小生，还喜欢唱电影《柳宝的故事》的插曲《九九艳阳天》。"

　　1980年，陈文利去香港锦江春饭店工作。关于陈文利的这次香港之行，王志忠记忆犹新。他回忆道，1980年，香港美心集团董事长伍小姐想把川菜引入香港酒楼，便来重庆考察。离开重庆前，在沙坪饭店用晚餐，重庆方面对此很重视，安排了包括陈文利在内的名师主厨，让伍小姐见识了川菜的魅力和重庆大厨的水平，于是双方便签订了派重庆名厨去香港锦江春大酒楼工作的协议。去的厨师有陈文利、陈志刚、李跃华、郑显芳等人。

　　据王志忠介绍，临行前，他请陈文利喝酒，当时陈文利左手肩周炎发作，仍然忍着疼痛，一边积极治疗，一边与王志忠探讨雕刻技艺，并说："到香港，要带一身全面技术去，不能让香港人小看重庆厨师。"王志忠说，当时陈文利老师已经50出头了，依然如此虚怀若谷、爱岗敬业，这让他刻骨铭心，深受感动。

第三十章 吴万里：屹立厨界的一座丰碑

1. 阅读书籍，丰富理论素养

吴万里在华玉山食品厂工作多年后，1960 年调重庆市饮食服务公司。他当过双抢队队长，去长寿收麦子，也当过公司团委书记。后来，又任副业队长兼书记，去石桥铺种菜、养猪，因为工作出色，成绩斐然，被公司召回当保卫科科长。1965 年出任基层工会主席，1970 年被公司任命为办公室主任。

在此期间，吴万里为了充实自己的文化知识，对书籍如饥似渴，昼夜不休地博览群书。当时，市饮食服务公司藏书丰富，应有尽有，其中与饮食有关的书籍更是琳琅满目。有一天，吴万里在读到孙中山写的《建国方略》时，对其中一段话触动颇深。孙中山写道："建设者首要在民生，故对全国人民之食衣住行四大需要，政府要与人民协力，共谋农业之发展，以足民食，共谋织造之发展，以裕民衣，建设大计划之各式屋舍，以乐民居，修治道路运河，以利民行。"孙中山又说："我中国近代文明进化，事事皆落人之后，惟饮食一道之进步，至今尚为文明各国所不及。中国所发明之食物，固大盛于欧美；而中国烹调法之精良，又非欧美所可并驾。"孙中山还断言中国饮食"倘能再从科学卫生上再做工夫，以求其知，而改良进步，则中国人种之强，必更驾乎今日也"。

孙中山把饮食视为文明进步的标志，将其列入建国大纲，实属罕见。吴万里震惊之余，不免对饮食文化另眼相看。他回忆起当初在菜园坝副食店当学徒时，曾在老板的要求下阅读书籍，书里面就有不少关于孔子与饮食文化的文章。其实，孔子既是一位大思想家，也是一位美食家。

"文明始于饮食"，是以孔子为代表的儒门之学说。"食不厌精，脍不厌细"，更是出自孔了的言论。围绕饮食文化，孔子不但提出了很多见解，还提出了不少用餐礼仪。比如：参加宴会，"有盛馔，必变色而作"，即主人用盛馔款待，为客者必起立致谢。"乡人饮酒，杖者出，斯出矣"，是说举行乡饮仪式结束后，要等持杖的老人都离席了，自己才能离席。

吴万里每读到此，不禁心潮起伏，饮食文化的浩瀚和博大精深，让他对这个行业从内心充满了敬意，无论是思想上还是情感上都高度认同。

2. 行业大师视其为衣钵传人

20 世纪 60 年代，重庆市饮食服务公司根据形势需要，要求公司干部每周必须到所辖的餐厅、饭店跟班劳动，既保持劳动人民本色，又增加基层工作经验。

当时大名鼎鼎的烹饪大师廖青廷、周海秋等人，分别在工农兵餐厅（解放前的皇后餐厅，解放后又叫民族路餐厅）和颐之时饭店工作。吴万里在到这些餐厅、饭店跟班劳动期间，与这些大师接触频繁，关系甚笃。

干部下放劳动，一般都是走马观花，做做样子，走走过场。但吴万里却不这样，他把这当作难得的一次学习机会，即使像廖青廷这样有"历史问题"的人，他同样礼遇有加，给予应有的尊重。吴万里熟读史书，明晓事理，他深知像廖青廷、周海秋这样的大师，不仅对重庆烹饪文化贡献巨大，在烹饪历史上占有重要席位，而且厨艺功夫精妙卓绝，出神入化，假以时日，他们创制的美味佳肴被称为民族宝贵财富也不过分。

吴万里至诚至善待人，虚怀若谷处世，颇有古代贤良君子之风。廖青廷、周海秋看在眼里，自然深受感染，于是视吴万里为衣钵传人，尽其所学，倾囊相授。

吴万里本就具有深厚的烹饪理论修养，加之大师手把手授艺，经年累月，他

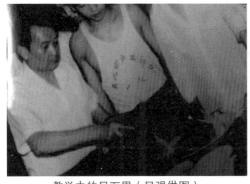

教学中的吴万里（吴强供图）

吴万里大师品鉴菜品（吴强供图）

终成大器。纵观吴万里的厨艺人生，他早期在传承中广收博取，掌握大师技艺之精髓，吸收南北大菜之灵气；后期兼收并蓄，博众家之长，从而自成一体。他总结川菜的特色即"注重清鲜醇浓，以清鲜醇浓为主，博采民间各味，善用麻辣"，这得到了同行的一致认同与采纳。他对粤、鲁、京菜也有深入研究，因而形成了独树一帜的烹饪制作技艺。其拿手名菜有：水晶肚排、鲍肚托乌龙、清汤蛰蟹、干烧大虾、蝴蝶牡丹、水煮鱼片、清炖牛肉汤、家常海参、干烧江团。其制作各类蓉的技术具有与众不同之处。

3. 开办培训班传承厨艺

得到廖青廷、周海秋真传的吴万里，烹饪才华逐渐显现，并在行业中越来越有名气。1972年，重庆市饮食服务公司决定成立技术培训科，便任命吴万里为科长。

当时，正是十年"文革"期间，重庆餐饮业异常萧条，店堂卖的是大锅清汤、"红苕饭""砣砣饭"。有行业人士如此描述当时饮食业的状况："煮炝煮炝，放点盐巴"；"自拿碗筷，吃碗小面"。由此可见，那个时候，源远流长的烹饪文化，早已失去了往日风光，一门曾被儒家尊崇为文明标志的艺术、被孙中山视为治世方略的行业，却被认为是"为资产阶级少数人服务"的，成了被批判的对象。餐饮业难以正常地发挥出价值，难以肩负起本应有的使命，即为广大人民服务，在原本"食不厌精，脍不厌细"的烹饪过程中，人们难以感受到中国传统文化的博大精深和灿烂繁荣。

比行业萧条更为可怕的是，老一辈烹饪大师，不是因"历史问题"靠边站，就是因走"白专道路"遭受打击，早已对工作失去了热情；而年轻一代热衷于紧跟形势，不停地参与文争武斗，根本没有心思学习厨艺，更莫说把烹饪文化发扬光大了。

在此背景下，毫不夸张地说，在中国饮食文化中占有着重要地位的川菜烹饪

1987 年 7 月吴万里老师在北京的重庆园林酒家教学生烤酥方 （吴强供图）

技艺，面临着失传和断层的危机。

正如历史上每有重大危机，总有人挺身而出扭转乾坤一样，吴万里也义无反顾地站了出来，他决定开办培训班，让饮食文化后继有人，也让凋敝萧条的重庆餐饮业重现曙光。

4. 后起之秀脱颖而出

培训班成立后，当时所招学员有二十几人，都是各区县优秀的老二级厨师，经过专业而系统的培训，学员烹饪技术得到了全面提升。他们毕业后，由四川援外办派送到肯尼亚、卢旺达等国家事厨，这成为当时的爆炸性新闻。后来，这批学员中出现了众多享誉中外的烹饪大师，他们为川菜迅速扬名全国乃至全世界发挥了重要作用。

关于培训班创办过程中的一些不为人知的故事，2017年3月22日，吴万里的三儿子吴强，向本书作者做了介绍。

吴强说，最初培训班设在工农兵餐厅的后厅。前厅是小吃，中厅是大众餐厅，后厅是雅座。厨房在旁边，一侧有个切面车间，里面有间屋，大概三四十平方米，

味苑酒楼门厅（烹协供图）

教研组就设在那里。一年后，大概是1974年，老爷子觉得培训班要有一个固定的基地，这样才能更专业、更纯粹、更便利地进行教学和培养人才。于是就跟重庆饭店协商，请求重庆饭店把他们南楼的餐厅拨给培训班专用。老爷子在这里从事了三期培训，即1975年、1976年和1977年，这三期为改革开放时期培养了一大批后起之秀，如曾群英、舒洪文、王偕华、李新国等，他们都成了行业的栋梁之材。如果没有这些人才储备，1981年的味苑餐厅就不可能横空出世。

吴强接着说，时间到了1978年，重庆饭店出于自身经营的考虑，需要收回南楼。那时重庆饭店南楼的培训餐厅已经是重庆市数一数二的餐厅了，当时所做的包子，一角五一个，很多人早上就来排队买，还有个清蒸太和肉，近似于清蒸肘子，沙坪坝、南岸、九龙坡等地的顾客，一早就跑来排队购买。清蒸太和肉是当时培训餐厅做得很出名的一个对外的名菜，但是主业是依然搞培训。

1978年，重庆饭店南楼培训班解散后，已经培养的一些人被分到颐之时、会仙楼、粤香村，还有很多人必须回原单位，这时老爷子就觉得确实要有一个永久性的培训基地。老爷子就跟饮食公司协商，把饮食公司机关腾出来，搬到重庆饭店东楼顶楼去办公，然后就把饮食公司机关的办公用房拿来打造一个永久性的培训餐厅，即后来的味苑餐厅，其老师和助教就是以重庆饭店的培训老师和优秀学员为主组成的。

5. 制定厨师考核标准

吴万里精心创办培训班，效果立竿见影，老一辈烹饪大师不仅重新发挥了作用，让饮食文化后继有人，还让萧条的餐饮业逐渐恢复了生机。

随着改革开放时期的到来，人们对饮食的要求也从解决温饱到享受美食，重庆餐饮发展迅猛，各种"老字号"重出江湖，新开业的餐馆鳞次栉比，厨师俨然成了最为抢手的职业。

遗憾的是，那时社会餐饮店的厨师基本上没有受过专业培训，水平参差不齐，完全凭感觉做菜。就拿重庆人熟知的回锅肉为例，10个厨师可能做出10个味道，与正宗川菜渐行渐远，完全乱了套。

吴万里看在眼里，急行业所急，便于1979年参照国家商业部相关技术标准，结合川菜特色，编写了十多万字的考核复习提纲，及时开展对各个工种由工到师至特级的全面多次统一考核。

2017 年 3 月 22 日，吴万里的大儿子吴勇说，为了编写考核复习大纲，老爷子把当时重庆各个门派的老师，即 1978 年四川省政府任命的 8 个特级厨师 —— 曾亚光、陈志刚、徐德章、陈青云、吴海云、张国栋、李跃华、何玉柱，召集到一起进行商讨，然后由老爷子执笔编写了大纲，这让从业人员参加大考有了依据。

吴万里传人周泽说，1979 年的重庆，考厨师的人有好几千，他们需要统一规范的操作指导，以及掌握专业的烹饪知识，使自己成为一个真正的厨师，领略到川菜的真谛。考核复习提纲的出台，无疑让大家有了这样的机会。

当几千人的厨师拿到考核复习提纲后，大家视之为"烹饪圣经"，欣喜若狂，踊跃报名，抓紧时间复习，以便参加重庆市的统一大考。

由于时间仓促，吴万里写作复习提纲的时间仅有一个月，难免出现笔误。但参加考试的厨师们，为记住复习提纲的每个字，连错别字都誊抄无误。虽是笑话，但何尝不是美谈！可见那时厨师从业者的虔诚，以及复习提纲的神圣。

6. 与 60 名大厨一决高下

吴万里不仅编写复习提纲考核厨师，还不顾自己已是巴蜀名厨和行业管理者的身份，同样走进考场，与其他大厨一决高下。

这不仅需要勇气，还体现出了一种胸怀。"老爷子作为中商部川菜培训站站长、重庆饮食服务公司培训技术科科长，管理着庞大的厨师队伍，他为了以技服人，便参加考核，以内行身份管理大家，让大家心悦诚服。"吴勇如是告诉本书作者。

吴万里参加的这次大考，时间是 1984 年，时年 51 岁，地点在重庆八一宾馆，竞争对手是来自巴蜀大地的 60 名大厨，将经过四天七场的比赛，争夺特三级厨师。

那次大考堪称比考博士还难，但是吴万里却胸有成竹，因为在多年实践工作中，他的烹饪理论知识和操作技能，都达到了常人难以企及的一个高度。当然，他的压力也是蛮大的，平时都是当评委考别人，如今被别人考，如果稍有闪失没过关，岂不让天下人笑话！

不像现在，那时的烹饪比赛没有助手，还得自带锅碗瓢盆，一切靠自己，真正称得上是"一个人的战斗"。

吴万里步入考场，抽到的题目是四个小时做五个菜，其中"蝴蝶牡丹"和"锅贴凤眼鸽蛋"这两道菜，工序复杂烦琐，且要做工精细。前者必须把一条鲜鱼切成细片，然后做成蝴蝶形状，让其飘浮在汤面上。后者更加麻烦，凤眼要用牙签蘸水，然后粘住一粒粒芝麻，再小心翼翼地贴上去；睫毛则用发菜蒸熟、凉脆，然后一条条拼成。

吴万里认为，四个小时做五个菜，时间根本不够，于是他据理力争。最后问题反映到主考官那里，该主考官也认为四个小时做五个菜时间不够，便批准延长一个小时，即五个小时做五道菜。

结果吴万里先生的整个参赛作品用时 295 分钟，也就是说，提前 5 分钟全部完成。

七场大考过去，60 名考生中的 15 名通过评审，晋级为特三级厨师，吴万里就是那 15 名特三级厨师中的一员。

7. 组建"川菜黄埔军校"

1981 年，吴万里被原商业部任命为商业部川菜培训站站长，组建味苑餐厅。这家餐厅日后被称为"川菜黄埔军校"，厨师们纷纷以读过该校为荣。

2017 年 3 月 22 日，吴万里的三儿子吴强回忆起了父亲组建味苑餐厅时的一些情景。他说，父亲在制定考核复习提纲的那一年，即 1979 年，他为了向世界弘扬重庆烹饪的魅力，带领重庆一帮名厨到香港表演川菜烹饪，同时也对当地餐饮业进行了考察和调研。当时他们挣了十几万港币的劳务费，本应交回饮食公司的，但他跟公司商量，能否把这笔劳务费用于味苑餐厅的创办。征得同意后，味苑餐厅便于 1981 年 4 月 12 日诞生了。

吴强说，当时陈志刚、李跃华等人尚在香港，味苑餐厅便以重庆饭店的培训老师和优秀学员作为老师和助教。最大的掌门是吴海云，他也是重庆饭店培训班的主要老师之一。1983 年，陈志刚、李跃华从香港回来，味苑教授级别的老师才越来越多。李跃华当时在山城商场酒楼工作，老爷子便跟他所在单位商量，把他借调到了味苑，同时借调的还有冠生园的郑显芳。

味苑餐厅刚建立，吴万里便把考察和调研成果一一展示了出来。即，重庆第一家有靠背独凳的餐厅；重庆第一家用餐桌上转盘的餐厅；重庆第一家先吃饭后付账的餐厅；重庆第一家放轻音乐为客人助兴的餐厅；重庆第一家为客人赠送热毛巾的餐厅；重庆第一家全铺地毯的餐厅；等等。味苑餐厅一时轰动重庆，成为最为火爆的餐厅。

与此同时，作为川菜的"黄埔军校"，来自全国各地的到味苑餐厅学习的学员就超过2000人。而这些厨师要想到味苑餐厅学习，首先得到国家商业部报名，通过审批后还要排队等候，大约一年时间，才能前往味苑餐厅学习。

参加过味苑餐厅早期学习的学员，如今大多成了各地川菜烹调的骨干，不少已经成为高级技师和一方技术带头人。从这个意义上说，吴万里不仅是一个烹饪大师，更是一个烹饪教育家和渝派川菜的传播使者。

味苑餐厅能够成为商业部指定的川菜培训站，有一则不为外人所知的故事。当时，商业部为了提升中国烹饪整体水平，决定在全国开设四个国家级烹饪技术培训站。考察团经过实地认真考察后，决定将川菜烹饪技术培训站设在重庆味苑餐厅，将宫廷菜烹饪技术培训站设在沈阳御膳酒楼，将仿唐菜烹饪技术培训站设在西安曲江春酒家，将鄂菜烹饪技术培训站设在武汉云鹤酒楼。

据当时的考察组长、商业部饮食服务司司长杨东起讲，他们最初的打算是想将川菜培训站设在成都，为什么后来会选择重庆呢？杨东起说，他们下决心选择重庆是因为吴万里先生。

为了申请设立重庆培训站，吴万里不但亲自策划和实施申报工作，还对培训站场地的选择，师资队伍的组建，培训大纲的设置，培训教材的编写，等等，都做了充足而详细的准备。正是因为吴万里在申报期间所做的"扎实功课"，才使考察团一致同意将川菜培训站设在重庆。

杨东起总结说："重庆的硬件条件原本不好，但是他们有决心和信心办好培训站，特别是吴万里先生对烹饪培训事业的执着追求，以及其丰富的培训教学经验，让我们能够放心将川菜培训站设在重庆，并相信在吴万里的领导下，一定能够达到商业部的预期目标。"

8. 做人与做菜同等重要

吴万里出任商业部重庆川菜培训站站长后，经过市场调研，结合当时烹饪培训的实际情况，创新思维，提出了与时俱进的办站宗旨："两结合、两效益、两一流"，即对外经营与人才培训相结合，烹饪理论教学与实际操作相结合；通过以教促销，以销助教创造良好的社会效益和经济效益；把培训站建设成为全国一流的川菜厨师摇篮和具有一流教学水平、教学质量的培训基地。在吴万里的领导下，川菜培训站一直将这种办学宗旨贯彻始终，共办学 28 期，为重庆和全国各地培养川菜精英 2106 名，成为全国四个培训站当中办站时间最长，培训学员最多，培训效果和经营效果最好的部级培训站。

1985 年，人民日报社记者邱原到重庆采访时，曾到味苑餐厅就餐，唇齿留香之间，回味无穷。他回京后，在报纸上发表了一篇文章，回忆了他在味苑餐厅吃饭的场景："生意非常火爆，排队等候就餐的客人，可以数出正在用餐顾客的牙齿有多少颗。"接着，他又对味苑的菜品进行了点评："陈皮牛肉、樟茶鸭、清蒸江团……每一道佳肴，既精美又可口，让人欲罢不能，取名'味苑'完全名副其实。"

在培训工作不断开展的同时，吴万里前瞻性地发现，要进一步提高教学水平，除了老一辈的教师之外，还必须积极培养中青年教师队伍。他经过观察，选定了张正雄、姚红阳、李新国、郑显芳、舒洪文、曾群英、吴强、陈彪、王偕华、刘景奎、张长生、谢云、苏贵恒、冯山俊、周容君、任帮琼、娄荣惠、刘永丽、陈彦、王家玉等作为教师队伍的中坚力量，并根据每个人的特点，分别向他们传授教学心得、教学技巧和教学经验，并为他们提供了充分的教学机会和营造了宽松的教学氛围。最终，这些中青年老师都挑起了培训授课的大梁。"吴万里老师还特别重视教师队伍厨艺与厨德、做人与做菜等素质方面的教育，而且以身作则，以律己、正直、诚信、宽容、谦虚、上进的品质来为人师表，树立威信，赢得尊重。他将这批人培养成为能文能武、既懂理论又会技术的后起之秀，完成了培训站老一辈厨师向中青年厨师交班的过程。"吴万里传人张正雄如是介绍道。

9. 惠泽"老中青"三代

吴万里天下为公，虚怀若谷。"一次，在重庆开往北京的列车上，同住包间的一位教授问他：'请问，干什么工作？'吴万里脱口而出'我是一个煮饭人'。"原味苑学员伍明仕回忆起此情景时，不禁感慨万千。他说："吴老爷子当时在重庆甚至全国烹饪界，名气都很大，还是行业主管领导，却把自己定位于'煮饭人'，如此低调和谦逊，可见其胸怀和境界。当然也由此可见，他心目中的烹饪事业是多么神圣和伟大。"

以"煮饭人"自居的吴万里，爱才重才之心在行业内有口皆碑。他开办重庆饭店培训班时，为了加强师资力量，看上了关系尚在南桐矿区饮食服务公司的刘应祥，但刘应祥所在单位死活不答应放人。吴万里根据工作需要，也出于对人才的爱护，多次到南桐矿区商调刘应祥回重庆一事。"当时我还小，跟着父亲去南桐矿区好多次，印象很深。"吴强说。

调动刘应祥虽然阻碍重重，难度非常大，但在吴万里的努力下，最终与当地饮食公司达成一致意见，以借调形式将刘应祥调回了重庆。命运多舛的刘应祥，由此开启了事业上的"第二春"。

原味苑餐厅服务员郑祥玲，其受到吴万里"提携"而从此改变命运的经历，几乎与刘应祥如出一辙。1983年，郑祥玲所在的合川钓鱼城酒家，举办了一次厨师大考，而吴万里作为这次考试的主考官，对负责服务的郑祥玲印象颇深，便与当地饮食服务公司协商，几经波折，终于把郑祥玲调到了味苑餐厅培训。郑祥玲后因能力突出、工作出色得以留在了味苑。

伍明仕也是一个例子。味苑餐厅开办初期急需人手，便从重庆市商技校挑选了5名品学兼优的学生，经过一段时间考察和试用，5人中留下来了1人，他就是伍明仕。在味苑餐厅，风华正茂的伍明仕接受了系统培训，成长迅速。吴万里看在眼里，喜在心头，认为厨界未来将是人才的天下，而人才离不开文化熏陶和培育。于是他鼓励伍明仕报考专业学府，伍明仕也没让吴万里失望。1986年，他通过成人高考考入了黑龙江商学院烹饪系，成为重庆厨界为数不多的拥有文凭的专业人士。

回忆起这段经历，伍明仕对吴万里感激不尽。他说："吴老爷子不仅胸怀宽广，而且高瞻远瞩，诲人不倦。"如今伍明仕开了一家名叫"三味多"的餐厅，他说："我今天还能够从事餐饮行业工作，与吴老爷子的鼓励和期望分不开。"

10. 把烹饪手艺发展为艺术

吴万里与传统的烹饪大师们不同的是，不仅从烹饪的纯技术角度来认识"烹饪手艺"，而且以更高境界来认知烹饪，继承传统、博采众长，真正把烹饪从手艺发展成为科学、艺术、文化，把渝派川菜发展成了一个系统工程。

吴万里不仅仅是手艺人，他的理论著述同样丰富且举足轻重。从1974年开始，吴万里参与了《中国名菜谱》中四川册的主要编写工作，同年还编写了《重庆菜谱》，接着又陆续编写了《重庆火锅》以及《厨师拿手菜》等论著，总结提炼了传统川菜技艺基础理论，归纳形成了川菜技术培训教材和理论体系，使饮食行业受益至今。

其主持总结的"清鲜醇浓并重，以清鲜为主，博采民间各味，善用麻辣著称"的川菜特点，川菜五大特征和二十四个味型的确立、四十余种烹调方法的确认，在川菜的发展和推广史上具有里程碑的意义，至今仍然是川菜等级考核的主要内容，从二级厨工到特一级厨师考核标准列举的480多款菜品，依然是川菜的主流和经典佳肴。今天渝派川菜标准的基础大多源于吴万里当年的总结。

吴万里的座右铭是"菜如其人，菜品即人品"。他自始至终认为，要想做好菜，必先做好人，品菜先品人。

他认为，随着时代发展，做菜既要注重菜品本质，即味道和质量，也要注重形式。他说有道菜叫"榨菜铁板鱼"，味道非常不错，但配料的葱段却切得很粗糙，与菜式整体形象极不搭配。俗话说，食不厌精，脍不厌细。如果这位厨师在"切功"上更下功夫和细心一点，必将成大气候。

吴万里认为，餐具造型和色彩，对菜品烘托也很重要，运用得好，将对菜品起到锦上添花的作用；运用得不好，则将使菜品黯然失色。

11. 高瞻远瞩的烹饪教育家

光阴似箭，岁月如梭。随着年龄增长，吴万里对烹饪事业热情不减，更加倾情于烹饪教育。他说，我们宝贵的烹饪经验应该传承，老一辈的烹饪精神更应该传承。重庆作为美食之都，更需要大量烹饪技术人才。为此，他不但承担了《中国烹饪技法》四川菜系的编著工作，还主编了《重庆家常菜》。该书编选了300多例流行菜品，深得重庆广大市民喜爱。

更加值得一提的是，在他的推动下，重庆市烹协与西南农大联合开办了"烹饪营养与膳食管理大专文凭班"。无论是过去还是是现在，此举在全国范围内都称得上是一件具有里程碑意义的新生事物。该大专班课程囊括了11个自然学科，包括膳食营养和烹饪史。吴万里还作为客座教授，担纲绝大部分课程的主讲。他从中国烹饪的历史渊源，讲到四川菜系的形成和发展；从丰富多彩的川菜特点讲到各地菜式的风味和制作，旁征博引，深入浅出，学生认为听他讲课，简直是一种艺术享受。

吴万里学识渊博，诲人不倦，有时他一讲就是6节课。一个星期下来32节课，一气呵成，创造了高校授课的最高纪录。他经常鼓励学员当"杂家"，希望大家不仅要拥有专业知识，还应多学一点科学文化，包括古典诗词、琴棋书画等，能学多少就学多少，能掌握多少就掌握多少。在此浓郁而轻松的学术氛围中，学员们也没有辜负吴万里的期望，毕业后大都成了行业的中坚力量。

大专班开办不久，吴万里又与西南师大联合策划了八集电视教学片《重庆川菜》。他出任技术指导，朱维新和李德奎任顾问。该片制作完成后，在全国高校和餐饮界引起了强烈反响，并广受好评。

12. 让人景仰的厨界泰斗

当然，吴万里先生最大的愿望是能与餐饮界的志同道合者，共同创建一个烹饪教育基金，吸引更多的有志青年投身烹饪事业，让全社会能够尊敬烹饪艺术。

2012年9月27日，吴万里先生带着遗憾辞世。不过，他希望创建一个烹饪教育基金的梦想，却得以在同行和家人的鼎力支持下，变成了现实。

据吴强介绍，吴万里去世后，遵照他的遗愿，大家汇集了百龄老友谊餐饮公

第五期吴万里烹饪奖学金颁奖暨实验班冠名收徒仪式（摄于2016年 刘轶供图）

司的捐款、吴老生前积蓄、餐饮同行赠送的吴老去世帛金，合计102万元，在重庆商务技校烹饪专业设立了烹饪奖学金，这也是重庆餐饮行业首次以个人名义设立的专项烹饪奖学金。

重庆市商务高级技工学校的前身是重庆市饮食服务技工学校，曾经是重庆市饮食服务公司的子弟校，吴万里曾经多次在学校培训考核烹饪学员，为参加全国烹饪大赛的重庆代表团做技术指导。重庆市参加全省、全国烹饪大赛的代表团多次在该校练习、打磨参赛菜品，这里是重庆诸多烹饪技术人才的起飞之地。学校的烹饪专业是重庆市高职教育重点打造的品牌专业，在该专业建立专项奖学金必将激励更多的有识青年参与到烹饪事业中来。

2012年至2016年，"吴万里烹饪奖学金"共举办了五期，超60位品学兼优、立志于从事烹饪的学生获得了奖励。除此之外，重庆市商务高级技工学校深为吴万里及其子女倾囊助学的精神所感动，经烹饪专业师生倡议，学校领导办公会研究，决定在校园为吴万里大师塑一尊塑像，以便吴万里永远与全校师生在一起，受师生景仰，激励烹饪师生成才，为打造美食之都做出更大贡献。

吴万里大师塑像，一座重庆厨界的丰碑就此诞生了！

吴万里雕像（摄于2012年　刘轶供图）
图为重庆市商务高级技工学校为渝菜烹饪泰斗、烹饪教育家吴万里在校园内所塑的铜像一尊。

味澜世纪·上卷

附录

重庆饮食

附录一：烹饪大师生平简介

廖青廷

生于 1902 年，卒于 1974 年，重庆巴县人。

廖青廷 13 岁到重庆适中楼餐馆拜杜小恬为师，学习厨艺。少年勤奋好学，人称"小聪明"。由于人矮灶台高，他垫着凳子上灶炒菜，这在厨坛中被传为佳话。20 世纪 20 年代与樊青云、朱康林合伙创办小洞天餐馆。曾在重庆的重庆餐馆、二元餐馆、凯歌归、成渝饭店、国泰餐厅和上海的丽都花园、经济饭店等处主厨。解放前曾赴台北一家餐厅事厨，重庆解放前夕回到重庆，之后在蜀味餐厅和民族路餐厅主理厨务。他先后带徒多人，后均为行业中坚。他功底扎实、烹技精湛，有"七匹半围腰"之称。创新的名菜有：醋熘鸡、半汤鱼、黄豆芽炖鸡等。

周海秋

生于 1907 年，卒于 1990 年，四川省新都县新繁镇人。1962 年经商业部批准命名为特级厨师。

周海秋 14 岁时入成都荣乐园，师从蓝光鉴学习川菜烹饪技术。1950 年以前先后在成都荣乐园、重庆白玫瑰和姑姑筵餐馆事厨，曾为刘湘家料理膳食。1950 年以后先后在重庆白玫瑰、颐之时和向阳春任厨师。1958 年，为编写《中国名菜谱》（第七辑）提供资料。1980 年，任商业部办的重庆川菜培训站教师。去世前在重庆颐之时餐厅指导工作。周出身高门，勤学苦练，精通川菜烹饪技术，尤长于炉子和烧烤。其代表菜有烤乳猪、樟茶鸭子、干烧鱼、烧三头（牛、羊、猪）、醋熘凤脯、豆渣烘猪头等，并创制了蜀川鸡、旱蒸鱼等菜肴。1959 年，出席了全国群英会。1989 年，被四川省人民政府授予"从事科技工作五十年"荣誉证书。

曾亚光

生于 1914 年，卒于 2000 年，重庆巴县人。1978 年，经四川省人民政府批准命名为特级厨师。

曾亚光 14 岁时到重庆适中楼拜杜小恬为师，学习厨艺。青年时代行艺于长江流域，先后在上海、南京、汉口和湖南常德等地的著名餐厅事厨。1939 年回到重庆，先后在国泰、凯歌归、小洞天等餐馆主理厨政。1950 年以后，多从事烹饪技术的教学、培训工作，曾担任重庆市市中区饮食服务公司厨师培训班教研组副组长，为行业和社会培养厨师千余人。在直接与他签订师徒合同的 10 人中，刘大东、谢云祥现已获特一级烹调师的职称，成为新一代名师。

曾亚光曾先后参加《重庆菜谱》《四川菜谱》《中国名菜谱（四川）》的编写工作，1959 年由他口述，经人整理成《素食菜谱》。1980 年为中、日合编《中国名菜集锦(四川)》制作供拍摄的名菜。1982 年应日本主妇之友社邀请，参加"川菜赴日讲习小组"，到日本东京、大阪、福冈讲授川菜。他精通川菜的烹饪技术，长于墩炉，对干烧、干煸、烧烤类菜肴的烹制更有独到之处。其代表菜有：荷包鱼肚、干烧鱼翅、干煸鳝鱼、叉烧填鸭、叉烧乳猪等。1959 年起，当选为重庆市市中区和重庆市政协委员。1989 年，被四川省人民政府授予"从事科技工作五十年"荣誉证书。

陈青云

生于 1915 年，卒于 2004 年，重庆合川人。1978 年，经四川省人民政府批准命名为特级厨师。

陈青云 12 岁时到重庆川北羊肉馆当学徒，拜顺庆人何发峰为师，学羊肉菜肴的制作技术，后到重庆顺庆羊肉馆、上海宵夜馆等处帮工。1944 年，入重庆粤香村拜简海廷为师，专攻清真菜的烹制。此后一直在重庆粤香村主厨。曾为中、日合编《中国名菜集锦（四川）》制作供拍摄的名菜。

陈青云事厨 60 余年，钻研技术一丝不苟，为了掌握炖制牛肉的火候，常守候炉旁，通宵达旦，这使他炖制牛肉的技艺达到炉火纯青的境地。其代表菜有：清炖牛肉汤、清炖牛尾汤、枸杞牛鞭汤等。1966 年，出席商业部在北京召开的双学会议，后在北京的四川饭店烹制牛肉席，深受欢迎。1966 年起，当选为重庆市市中区历届人民代表大会代表。1989 年，被四川省人民政府授予"从事科技工作五十年"荣誉证书。

刘应祥

生于 1915 年，卒于 1986 年，重庆市人。1984 年经四川省商业厅批准命名为技术顾问（相当于特三级厨师）。

刘应祥 14 岁时在重庆左营街蜜香餐馆学艺，拜师罗兴武。曾先后在成都味食店、心心食店、聚丰园餐厅、聚兴诚银行酒家事厨。其间，曾与孔道生、郑遂良等人在北碚同心乡合伙办过嚼雪食店。1956 年调入重庆市饮食服务公司，先后在颐之时餐厅、南桐矿区饮食公司、味苑餐厅工作。刘技术全面，红案、白案、冷菜均能胜任，尤长于筵席大菜的制作。1975 年调至重庆市重庆饭店川菜培训班，从事教学培训工作。1980 年为中、日合编《中国名菜集锦（四川）》制作供拍摄的名菜点。

刘应祥事厨 50 余年，除熟练掌握制作地道川菜的技艺外，经高人指点，还深得燕窝、熊掌的烹调秘传，甚至可以用牛掌代替熊掌，做得以假乱真。刘为人谦和，无不良恶习，在同行中受人尊敬。其代表菜有：芙蓉鸡片、家常鱼翅、南瓜盅等。

张国栋

生于 1921 年，卒于 1987 年，重庆市人。1978 年经四川省人民政府批准命名为特级厨师。

张国栋 1934 年到重庆沙利文食品公司当学徒。1950 年以前，先后在重庆四如春餐馆、上海社中西餐厅、礼泰中西餐厅、中韩文化协会餐厅、状元楼中餐馆等处事厨。1950 年以后在重庆冠生园任厨。1959 年调至北京人民大会堂宴会厅任冷菜组主厨。1963 年回重庆冠生园工作。1982 年，调至重庆市市中区饮食服务公司技术培训班从事教学工作。在直接与他签订师徒合同的 10 多人中，郑显芳、许道伦、张利等都获得特级烹调师职称。1979 年 4 月，参加"四川省川菜烹饪小组"赴港表演，他制作的食物雕花和大型冷菜造型拼盘受到赞赏。曾为中、日合编《中国名菜集锦（四川）》制作供拍摄的名菜。1982 年秋，赴美国华盛顿，在四川省与美商合办的会仙楼任厨师长。

张国栋事厨 50 余年，在技术上精益求精，尤长冷菜，经他口述而整理的《冷菜制作与造型》一书总结了他在冷菜制作上的丰富经验。他还通晓粤、浙、京各大菜系的制作技术。代表菜有：推纱望月、春色满园、茄汁鱼脯、玲珑鱼脆、碧桃海蜇、松鹤遐龄等。

吴海云

生于 1921 年，卒于 1995 年，重庆巴县人。1978 年经四川省人民政府批准命名为特级厨师。

吴海云 15 岁时到重庆成渝饭店当学徒。1950 年以前，先后在重庆市北碚镇味林素食店、市中区国泰餐馆、中华饭店帮厨。1950 年以后在重庆饭店任厨师。1964 年调至粤香村担任厨师。1981 年后调至重庆味苑餐厅主理厨政，并担任厨师培训班教师。曾为中、日合编《中国名菜集锦（四川）》制作供拍摄的名菜。1982 年秋赴美国华盛顿，任四川省与美商合办的会仙楼餐厅副厨师长。

吴海云事厨 50 余年，精通川菜制作技术，长于小煎、小炒，对筵席大菜的制作也能得心应手。其代表菜有：菊花鲍鱼、叉烧全鱼、玫瑰锅炸、小煎鸡等。1989 年，被四川省人民政府授予"从事科技工作五十年"荣誉证书。

黄代彬

生于 1923 年，卒于 1983 年，四川省简阳市人。烹制咸菜的名师。

黄代彬 15 岁时在成都打金街群益饭店拜陈辉儒为师。曾先后在成都教门馆、清洁食堂和重庆万利小餐、小竹林等食堂当招待。后又在重庆饭店、粤香村、味苑餐厅任厨师。他擅长咸菜制作，能用笋、芹、瓜、豆、藕等时鲜蔬菜拌制出各种味型的咸菜，曾为中、日合编《中国名菜集锦（四川）》制作供拍摄的名菜——咸菜什锦。黄代彬的代表菜品有：麻酱笋尖、红油黄丝、鱼香蚕豆、盐水花仁、糖醋豌豆、蒜泥黄瓜等。

徐德章

生于 1924 年，卒于 1992 年，重庆江津人。1978 年，经四川省人民政府批准命名为特级厨师。

徐德章 12 岁时到江津县白沙镇随园饭店当学徒，拜刘长号为师。1941 年，到重庆稼农清汤火锅店、颐之时、长美轩事厨。1950 年以后，先后在重庆绿野餐厅、重庆饭店、人民饭店主厨。1965 年以后，多担任烹饪学校的教学工作，先后在重庆市二商校烹饪班、四川省饮食服务技工学校、四川省饮食技校重庆分校任教。1981 年后任重庆会仙楼宾馆皇后餐厅厨师长。

徐德章曾于 1956 年参加商业部在上海召开的教材编写会议，参与了烹饪技术教材的编写工作。1960 年参加了在北京举办的全国技术操作表演，赢得五个单项第一名，并荣获银牌。又多次参加《重庆菜谱》《四川菜谱》和《川菜烹饪学》的编写工作，曾为中、日合编《中国名菜集锦（四川）》制作供拍摄的名菜。1979 年 4 月参加"四川省川菜烹饪小组"赴港展销川菜，任副厨师长。

徐德章精通川菜制作技术，善墩能炉，尤以刀工著称。其代表菜有：金鱼闹莲、四喜吉庆、银针兔丝、八宝全鸡、一品海参、烧鲫鱼皮等。曾当选为重庆市人民代表大会代表。

陈鉴于

生于 1924 年，卒于 2008 年，四川省自贡市人。特一级厨师。

陈鉴于 13 岁时到自贡市富和园餐馆当学徒。1941 年到重庆，在位于歌乐山的富华烟厂经理公馆帮厨。后又回自贡，在好园餐厅事厨。一年后再返重庆，先后在静而精成都大饭店、凯歌归等处事厨，师从在重庆、成都等地厨界都有较大影响力的陈海三。1952 年，在和记饭店（后来的山城饭店）工作的陈鉴于，随解放军第 18 军到西藏昌都警备区工作。1984 年，到北京渝园餐厅主厨。1985 年，出任上海天府大酒家厨师长。退休后先后受聘于北京、上海、广州、郑州、成都、石家庄、无锡等城市的著名川菜酒楼任厨师长。

陈鉴于事厨 60 余年，他创立的陈氏川菜烹饪技术广吸南北大菜之精髓，博采民间传统技艺之灵气。编写有《重庆川菜宝典》一书。他培养了不少川菜技术的接班人，他的众多学生都已成为重庆餐饮界的名厨，如张正雄、代金柱、胡光忠等。陈鉴于的代表菜有：水煮牛肉、翻沙苕蛋、青豆烧鲢鱼、干煸鳝鱼、蛋皮春卷等。

陈志刚

生于 1927 年，卒于 2003 年，四川省简阳市人。1978 年，经四川省人民政府批准命名为特级厨师。

陈志刚 18 岁时到成都颐之时拜罗国荣为师，学习厨艺。1949 年，随颐之时东迁重庆。1958 年，以专家身份赴捷克斯洛伐克首都布拉格的中国饭店传授川菜技术，并担任该店主制厨师。回国后到重庆饭店任厨师长，兼重庆市饮食服务公司厨师培训班教研组组长，先后为重庆市和川东片的各地、市培训了一批技术人才。1979 年 4 月，参加"四川省川菜烹饪小组"赴港献技表演。曾为中、日合编《中国名菜集锦（四川）》制作供拍摄的名菜。1980 年 6 月，赴香港任四川省与港商合办的川菜馆锦江春的厨师长。1983 年，参加全国烹饪名师表演鉴定会，获"优秀厨师"称号。曾任重庆味苑餐厅厨师长，兼任中国饮食服务公司重庆川菜培训站教师。

陈志刚出自名师之门，功底扎实，精通川菜技术，尤以炉子见长，对川菜的干煸、干烧之法别具匠心，并通晓粤菜、江浙菜和西菜的制作技术。其代表菜有：干烧岩鲤、孔雀开屏、鱼香烤虾、鸳鸯海参、奶油时菜等。

李跃华

生于 1931 年，四川省隆昌县人。1978 年经四川省人民政府批准命名为特级厨师。

李跃华 14 岁时到重庆麦香饭店当学徒，师从颜银洲，后又向万利小餐的张成武参师，学习墩炉技术。1950 年以前，先后在重庆美泰饭馆、蓉光餐馆事厨。1950 年以后，先后在重庆竹林小餐、重庆饭店、人民大礼堂、山城商场等处任厨师、厨师长。曾多次在重庆潘家坪招待所制作高级筵席。1979 年 4 月，参加"四川省川菜烹饪小组"赴港表演。1980 年，赴香港任四川省与港商合办的川菜馆锦江春的副厨师长。1983 年，返回重庆。同年参加全国烹饪名师表演鉴定会，获"最佳厨师"称号。

李跃华带徒多人，其中钟银宪、蒋显芬、秦光中均已成为行业中的技术骨干。李跃华技术全面，尤长于烹调地方风味浓郁的菜品。其代表菜有：干烧岩鲤、家常海参、水煮牛肉、麻婆豆腐、宫保鸡丁等。

陈述文

生于 1931 年，卒于 2001 年，四川省内江市人。1978 年，经四川省人民政府批准命名为特级招待师。

陈述文 1943 年到重庆沙坪坝区天来福饭店当学徒，后到松鹤楼当招待。

1946 年到重庆生生农产股份有限公司餐厅拜李道中为师，学习西餐接待技术和英语。1950 年以前，曾在重庆柏林中西餐厅、俄国西餐厅、绿野音乐餐厅、皇后音乐舞厅等处当招待。1960 年，被派到北京学习，在北京饭店、人民大会堂和四川饭店实习，参加了包括国宴在内的各种高级宴会的接待工作。回重庆后任重庆饭店招待组组长，后又调至长寿县川维厂负责外事接待工作。1981 年调至重庆味苑餐厅作招待组组长，并兼任培训班教师。陈述文精通中、西餐招待技术，能主持大型宴会，摆设各种花台面，折叠各种口布花。

陈文利

生于 1932 年，卒于 1998 年，重庆市人。特一级厨师。

陈文利早年在重庆著名餐厅白玫瑰学厨，师从老板辛之奭。1950 年后，先后在粤香村、北京京西宾馆事厨。1968 年，调回重庆，在沙坪饭店的前身红旗饭店负责教学工作。1980 年，赴香港，在四川省与港商合办的川菜馆锦江春工作。因在京西宾馆学习过西餐的做法，陈文利的菜品具有"以中带西"的特色。他的刀功一流，擅长拖刀法。其代表菜有：银芽鸡丝、果羹汤、凤尾腰花等。

吴万里

生于 1933 年，卒于 2012 年，四川省内江市人。1984 年经四川省商业厅批准命名为特三级厨师，后为特一级烹调师。

吴万里 13 岁开始从厨学艺，出师后在华玉山食品厂工作。1960 年调至重庆市饮食服务公司，得到名厨周海秋的指点和帮助。吴长期从事烹饪技术培训工作，曾担任中商部川菜培训站站长、重庆饮食服务公司培训技术科科长等职。1973 年以来，多次负责重庆和四川烹饪技术表演的组织和技术指导工作；多次被聘为全国和四川烹饪大赛的评委。长期担任烹饪培训主讲教师，为全国各地培养了千余名学员，其中不少人已进入特级烹调师的行列。

吴万里先后组织并参与《中国名菜集锦（四川）》《重庆火锅》《考核创新菜——鱼肚海参选集》等专业书籍的编撰工作。曾任中国烹饪协会理事、四川省烹饪协会副理事长、重庆市饮服业技考委员兼办公室主任、重庆市饮食服务公司技术顾问、重庆市烹饪协会副理事长兼秘书长。

吴万里通晓川菜烹饪技艺和制作方法，对粤、鲁、京菜系也颇有研究，并能在继承传统川菜的基础上，博采众长，不断改进和创新。其代表菜有：水晶肚排、鲍肚托乌龙、清汤蜇蟹、干烧江团、蝴蝶牡丹、水煮鱼片、清炖牛肉汤、干烧鱼翅等。

何玉柱

生于 1935 年，卒于 2011 年，重庆市人。1978 年，经四川省人民政府批准命名为特级白案厨师。

何玉柱 15 岁时在重庆利华食品厂拜蔡树卿为师，学习厨艺。1956 年，调入重庆市饮食服务公司，曾先后在皇后餐厅、颐之时餐厅、味苑餐厅、会仙楼宾馆、重庆饭店点心部主厨。其间曾担任商业部重庆川菜培训站老师，为行业培训专业技术人员数百人，带出李新国、周心年、熊启愚等一批特级点心师。曾参加编写《重庆菜谱》《四川菜谱》并获奖。1978 年，参与著名数学家华罗庚在饮食行业推广优选法的活动，并荣获省、市科委金奖。1980 年，为中、日合编《中国名菜集锦（四川）》制作供拍摄的名菜点。曾任四川烹饪高等专科学校高级实验师、四川省烹饪协会常务理事、重庆市烹饪协会常务理事等职。何玉柱擅长中西点心的制作。其代表品种有：菊花酥、凤尾酥及工艺造型点心等。

注：以上大师生平简介部分参考 1985 年重庆出版社出版的《川菜烹饪事典》。

附录二：烹饪大师徒弟徒孙名册

大师	徒弟	徒孙
廖青廷	邱世富、倪明忠、樊书贵、刘志建、许远明、丁应杰等	张长生、刘景奎、徐劲、苏贵恒、邹荣仲、陈天胜、张四维、廖德明、陶克明、彭其中、许建敏、陈明德、陈正江、聂建陆、姚风英、王官任、彭君明、张勇、赵明、段伟、刘正林、邹锡康、李德全、李兴明等
周海秋	戚万全、余汉臣、杨应全、艾远建、陈兴荣、张光耀、李孔华、朱大能、雷中海、戚万炳、李云碧、徐孝康等	周强、余斌、朱进、周勇洪、杨明孝、张教龙、遥远、强登海等
曾亚光	刘大东、谢云祥、李庆初、喻贵恒、汪学军、胡光中、代金柱、郭辉全、唐亮等	晏正华、文忠、刘忠文、杨挺、龚志平、李镛、鞠世洪、曾国华、熊永年、谢治平、舒家华、罗志彪等
陈志刚	王偕华、姚红阳、冯山俊、黄国良、张平、陈彪、张克勤、汪天荣、徐世兴、杨国钦、陈明义、陈彦、廖庆华、徐明德、李有福、李有立、薛祖达、张刚、任作善、李光俊、杨联志等	朱大明、张清、陆朝斌、钱广、胡红亮、张济东、陆坚富、马士均、唐庆东、伍逢春、张光辉、张基庆、凃流建、杨勤东、廖东、李代忠、陈昆、廖应、曾红、陈开明等
徐德章	秦德焰、戴庭荣、李水冬、严安绿、田丰寓、邱吉贵、刘启超、李昌林、姚长科、魏和习、朱国荣等	赖云、王志坤、王志荣、黄林、徐兵、曹红、曹天雄、沈泽平、沈泽红、曹宏、刘成、邓志钢、邓志平、徐亮、徐松、甘国平、甘凯熙、曾兴红、龚东成、刘志强、张貌等
张国栋	李中全、刘家富、郑显芳、陈明义、徐世兴、曾群英、许道伦、谢云、吴强、刘永丽、张利等	余德平、郑奎、胡培生、李兴中、谢武、李金华、龚晓峰、姚亮等

大师	徒弟	徒孙
何玉柱	李新国、周心年、董渝生、熊启愚、张鹤林、蔡雄、黄德玉等	易忠伦、刘斌、陆昌文、尹建伟、黄明基、兰大渝、姜伟、徐高茂、邓跃进、范涛、徐文强、贾涛、唐玉林、童向东、谈显庆、樊顺梅、邱澄等
吴海云	舒鸿文、邓世梅、杨天寿、李有富等	李明禄、晏彪、黄志刚、陈誉、王河练、唐均、沈志伟、苏海平、邱元伟、王昌明、徐安尚、赵西全、谢武、王忠荣、刘邦伟、郑元利等
李跃华	李祖斌、李祖国、钟荣宪、秦光中、徐世兴、夏堪豫、高万千、舒朝荣、冯伟、杨长江、罗志彪、陈继鹏、陈安生、冯居海、廖程、曾宪达、谭能武、任继福、刘克容等	肖绍兵、何财茂、方成华、何晓科、张兴龙、秦钟林、王昱兴、段成义、倪明、申时书、郑红、廖良勇、俞华、黎刚、曾坤明、向鹏、刘彬、高勇、黎国强等
陈青云	凌朝云、李文佐、李水冬、谢云等	冯世才、陈有万、刘勇等
陈述文	代贵一、何美虹、余瑛、郑祥玲、曾冬萍、谢庭富、陈志、娄荣慧等	李小菊、田涛、唐山鹰、凌敏华、曾贤芳、江力、张丽、刘凡、左凤兰、刘利、周军、王琼、周渝娴、李金璐、刘理娅、颜蓉、王正清、唐莉、鲜宇、杨学玲、李青、周李华、朱玉祥、邓伟、聂静、成萍等
陈鉴于	代金柱、陈远明、朱忠恒、胡光忠、胡晓华、周朝庆、董成富、岑远定、张正雄、杨伟鸿、刘光竟、范朝义、龙远华等	宋彬、刘波平、张济东、李镛、龚治平、王平、陈荣、张永延、郑中亮、刘润安、陈小彬、郑展智、童齐、刘俊伦、吴朝珠、龙胜、胡建、陈其林、张兴龙、张铭、谢钦、冉茂贵、夏骅、曾凡文、邱永明、张洪刚、吕家亚、陈小波、张勇贵、江承志、王骞、曹辉、邹绍明、刘刚等
吴万里	吴勇、周泽、郑朝渠、谭光明、邵荣福、刘耀宗、刘纯富、王光华、金泉、尹成清、郑朝劲、廖建、唐泽全等	邓水泉、杜先强、李毅、吴华、周红彬、蔡武、龚增平、陈光容、周勇、刘在贵、程思林、陶继华、孙成渝、王轶、龚静、张毅、赵勇、郑波、陈远清、李三保、黄亿刚、莫长春、曹光林、曹光辉、李静、陈川、肖冰、李向庆、陈波、张勇、封洪荣、郑清、刘功雨、童全亮、陈蛟旭、任思国、程勇、胡建勇、吕家亚等

大师	徒弟	徒孙
刘应祥	无	无
陈文利	陈树生、钱庆生、杨德斌、张正雄、田五、王志忠、舒鸿文、段正强等	陈可夫、蒋国宏、陈卓、吴进建、谢武、杨联东、张兴隆、骆正红、龙志愚、廖建、李盛开、王即华、张天华、肖林平、王万全、丁建平、江中海、李彬、李伟、蒋陆见、李辉、孙道文、唐志佳、刘顺奇、刘兴华、米家明、柳明义、张尼纳、陈亮、胡刚、严小舟、桌明、徐钢、陈强、刘星军、陈天兴、佘凡、邱猛、邓小兵、赖利、刘强、杨杰、方孙伟等
黄代彬	曾群英、吴强、谢云、刘永丽等	谢兵、张涛、黄小意、黄小芹、杨朝彬、古艺、胡仁远等

注：

①《烹饪大师徒弟徒孙名册》由大师后人传人提供，由于本书采编信息有限，仅呈现了各位大师的部分徒弟徒孙，且排名不分先后。

②烹饪大师刘应祥，是重庆厨界公认的儒厨，不仅学识渊博，而且厨艺全面、精湛。解放后，他曾在银行工作，后调入重庆市饮食服务公司。1956年，重庆成立南桐矿区，为支援矿区建设，刘应祥被调到南桐矿区饮食公司。由于各种原因，他未受重用，加上该区新建，基础薄弱，文化生活和经济发展相对落后，人们生活以解决温饱为主，刘应祥所拥有的高超的烹饪技术和理论知识难以得到施展，更莫说传予后人、发扬光大了。他因此郁郁寡欢，时有命运不济之感，其职业生涯几乎就此中断。所幸1975年，时任重庆市饮食服务公司培训科科长的吴万里，希望通过举办培训来恢复日渐凋敝的重庆餐饮业的繁茂景象，并让面临"断层"的烹饪技艺后继有人，这就急需像刘应祥这样"文武双全"的人才。出于惜才爱才的缘故，吴万里反复多次到南桐矿区协商调刘应祥回重庆之事。但阻碍重重，调动难度非常大。吴万里与当地饮食公司几经协商，最后暂以借调形式把刘应祥调回重庆。由此，刘应祥同当时其他烹饪大师一样，迎来了事业上的"第二春"。遗憾的是，命运多舛的刘应祥，似乎已在缺少美食土壤的南桐矿区耗尽了精力，损伤了元气，在他理应大放光芒的时刻，却因身体原因溘然去世，以致出现如今无徒弟无徒孙的局面。从某种程度上说，这是他个人的遗憾，行业的损失，更是历史的悲剧。但山河依旧，青山犹存，他的信念未亡、精神尚在。我们也因此可以说，厨界后来者都是他的学生，会秉承着他"承前启后、继往开来"的崇高意愿，并以工匠精神为主旨，让烹饪事业薪火相传、生生不息。

附录三：烹饪大师名菜菜谱简编

廖青廷代表菜

醋熘鸡

烹制法：炒

味型：酸辣味

特点：色棕红，质细嫩，味咸鲜微辣，醋香醇浓

主辅料：仔公鸡脯肉、冬笋、姜、蒜、葱、料酒、盐、水豆粉、糖、醋、酱油、泡椒、花椒

制作方法：

1.选仔公鸡脯肉剞几刀，切成长3厘米、宽2厘米的块，以料酒、盐、水豆粉拌匀；

2.糖、醋、酱油、水豆粉兑滋汁，冬笋切梳子背；

3.鸡块入锅炒散籽，加泡辣椒（剁细）、花椒（数粒），炒至油呈红色；

4.下冬笋、姜、蒜、葱颗炒转，烹滋汁，簸匀起锅，装盘即成。

操作要领：醋应比糖多，以突出酸香味；兑滋汁的水豆粉不宜多。

廖青廷其他代表菜：半汤鱼、黄豆芽炖鸡、家常海参、一品酥方等

周海秋代表菜

樟茶鸭子

烹制法：腌、熏、卤、蒸、炸

味型：烟香味

特点：色红油亮，咸鲜浓香，皮酥肉嫩，形态大方

主辅料：白条鸭、白糖、盐、酒、葱、姜、桂皮、茶叶、八角、樟木屑

制作方法：

1.将宰杀过的白条鸭洗净，肚皮处开一大口，抹上五香粉、盐、茶等。天热，腌码24小时，每8小时翻一次缸；天冷，腌48小时。腌码后，在开水里烫坏，再挂起。

2.入熏炉，待鸭子呈现微微的浅黄色，把樟木面和茶叶渣撒在上面，熏之。

3.待烘烤到金黄色后，拿出来卤制。

4.卤制后入笼蒸炟。

5.下油锅炸呈棕红色，取出斩块，装盘时复原成鸭形，刷以香油。

操作要领：鸭须腌渍入味，熏时注意火候，卤时要火候均匀，蒸时要用旺火，炸时谨察油温。

周海秋其他代表菜：烤乳猪、干烧鱼、豆渣烘猪头、蜀川鸡、红烧熊掌等

曾亚光代表菜

荷包鱼肚

烹制法：蒸

味型：咸鲜味

特点：造型美观，细嫩可口，汤清味美

主辅料：黄鱼肚、鱼肉、鲜汤、熟火腿、瓜衣、黄蛋糕、冬菇

制作方法：

1.发好的黄鱼肚洗净，改成厚0.5厘米、直径4厘米的大半圆形片，共20片，用鲜汤煨入味，取出揾干；

2.每个鱼肚片上敷一层0.3厘米厚的鱼糁，再用熟火腿、瓜衣、黄蛋糕、冬菇等丝镶边，并牵以简洁的花草图案，成烟袋荷包状；

3.将"荷包"入笼蒸至刚熟，取出盛在大汤碗内，灌入清汤即成。

操作要领：鱼肚要发透，去尽油质，蒸的时间不能长。

曾亚光其他代表菜：干烧鱼翅、干煸鳝鱼、叉烧填鸭、叉烧乳猪等

陈志刚代表菜

干烧岩鲤

烹制法： 干烧

味型： 家常味

特点： 形态完整，色泽红亮，咸鲜微辣，略带回甜

主辅料： 岩鲤、猪肉、火腿、绍酒、盐、醋、糖、泡辣椒、豆瓣、姜、蒜、鲜汤

制作方法：

1.选岩鲤一尾(约重1000克)洗净，在鱼身两面各剖数刀，遍抹绍酒、精盐，入油锅稍炸至皱皮捞出；

2.锅换冷油，下入泡辣椒、豆瓣（剁细）、姜米、蒜颗出香味，掺入鲜汤烧至味香，打渣不用；

3.将鱼和火腿、肥肉丁、盐、绍酒、醋、糖入锅同烧至汤开；

4.移小火慢烧至汁稠、鱼入味，下葱颗和匀起锅，装入条盘。

操作要领： 用小火收汁亮油，忌用大火。

陈志刚其他代表菜： 孔雀开屏、鱼香烤虾、鸳鸯海参、奶油时菜等

徐德章代表菜

四喜吉庆

烹制法： 烧、烩

味型： 咸鲜味

特点： 造型寓意福禄寿喜，口味清鲜，质地炪嫩

主辅料： 土豆、胡萝卜、白萝卜、青笋、鲜汤、盐、水豆粉

制作方法：

1.土豆、胡萝卜、白萝卜、青笋去皮取心，用刀改成吉庆形，入开水煮透；

2.炒锅下鲜汤，放吉庆块，加味烧炪，起锅，勾清二流芡装盘即成。

操作要领： 吉庆质地不一，应分先后取出，以熟透不变色为度；掌握火候，以烧炪入味、形整不烂为好；芡汁适量，以有汁为佳。

徐德章其他代表菜： 金鱼闹莲、银针兔丝、八宝全鸡、烧鲫鱼皮等

张国栋代表菜

推纱望月

烹制法： 蒸

味型： 咸鲜味

特点： 构思新颖，立意高雅，色调协调，清淡咸鲜

主辅料： 鸽蛋、鱼肉、竹荪、熟火腿、瓜衣、高汤

制作方法：

1. 用鲜鸽蛋12个，1个煮荷包蛋，11个煮熟去壳；优质竹荪改薄片，用好汤煨上味。

2. 另取大汤碗一个，在离碗口2厘米处，用鱼糁敷一圈，修成八角窗格形，再用熟火腿、瓜衣切麻线丝嵌成窗格花线条，上笼馏火定型。

3. 出笼后速取煮鸽蛋垫底，荷包鸽蛋置上，竹荪盖面，灌入清汤（汤不超过"窗格"）即成。

操作要领： 此菜有一定工艺要求，造型要美。

张国栋其他代表菜： 春色满园、茄汁鱼脯、玲珑鱼脆、碧桃海蜇等

何玉柱代表菜

凤尾酥

烹制法： 炸

特点： 色泽棕黄，外酥内嫩，味香甜，棕网呈凤尾状

主辅料： 面粉、猪油、色拉油、冰橘馅

制作方法：

1. 子面入开水锅煮熟透，趁热擦蓉，分次下猪油，揉搓均匀为皮；

2. 分个包入冰橘甜馅，制成斧头形，下五色菜油或色拉油锅中炸制即成。

操作要领： 揉面分次加油，掌握火候。

何玉柱其他代表菜： 菊花酥、荷花酥、百子寿桃、无矾油条等

吴海云代表菜

小煎鸡

烹制法： 炒

味型： 家常味

特点： 色橘红，略酸香，质嫩爽口，微辣回甜

主辅料： 鸡腿肉、盐、水豆粉、味精、胡椒、醋、糖、绍酒、泡辣椒、姜、蒜、青笋、葱、芹黄

制作方法：

1. 选仔公鸡腿肉拍松，剞菱形花刀，改小一字条，以盐、水豆粉拌匀；

2. 盐、味精、胡椒、醋、糖兑滋汁；

3. 鸡肉入油锅炒散籽，烹绍酒，下泡辣椒节、姜、蒜片合炒，再下青笋条、马耳葱、芹黄节炒匀，烹滋汁，推转起锅，装盘即成。

操作要领： 滋汁用量要适当；醋为增香，糖使回甜，皆不宜多。

吴海云其他代表菜： 菊花鲍鱼、叉烧全鱼、玫瑰锅炸、火爆肚头等

李跃华代表菜

麻婆豆腐

烹制法： 烧

味型： 麻辣味

特点： 色泽红亮，亮汁亮油，麻辣味厚，细嫩鲜香

主辅料： 豆腐、牛肉、鲜汤、盐、豆豉、辣椒粉、郫县豆瓣、蒜、酱油、花椒粉、水豆粉

制作方法：

1. 选石膏豆腐切块放碗中，加盐掺入开水浸泡10分钟去涩味；牛肉去筋剁成细末。

2. 炒锅内菜油烧至六成热时，下牛肉末炒酥，加盐、豆豉（研细）、辣椒粉、郫县豆瓣（剁细）再炒数下，掺鲜汤。

3. 下豆腐，用中火烧几分钟，再下青蒜节、酱油等烧片刻，勾浓芡收汁，汁浓亮油时盛碗内，撒上花椒粉即成。

操作要领：炒肉末时，要不停地来回铲动；鲜汤以淹过豆腐为度；勾芡收汁时，一定要做到亮油汁浓。

李跃华其他代表菜：干烧岩鲤、家常海参、水煮牛肉、宫保鸡丁等

陈青云代表菜

清炖牛肉汤

烹制法：炖

味型：咸鲜味

特点：汤清爽，筋软糯，肉化渣，味鲜香

主辅料：牛肉、萝卜、料酒、姜、花椒、豆瓣、香油、花椒面、味精、白糖

制作方法：

1. 先将黄牛肉在清水中浸漂，入炖锅，加入料酒、姜、花椒，用小火炖至七成炤取出，按横筋切大一字条；

2. 汤用纱布滤去杂质，牛肉继续炖至炤软；

3. 白（或红）萝卜去皮切条，煮炤，捞出用牛肉汤焯起；

4. 走菜时用萝卜垫底，牛肉盖面，灌原汤，带香油豆瓣碟（在豆瓣里放入香油、花椒面、味精、白糖少许）即成。

操作要领：炖时用小火，保持汤微沸，切勿粘锅；牛肉下锅初开时，打尽浮沫杂质，保持洁净。

陈青云其他代表菜：清炖牛尾汤、枸杞牛鞭汤、红烧牛肉等

陈鉴于代表菜

水煮牛肉

烹制法：煮

味型：麻辣味

特点：麻、辣、鲜、嫩、烫

主辅料：牛肉、青笋、蒜苗、郫县豆瓣、干辣椒、花椒粉、盐、水豆粉、醪糟汁、姜、蒜、绍酒、鲜汤

制作方法：

1. 选腰柳肉，按横筋切片（约长 5 厘米、宽 3 厘米、厚 0.3 厘米），以盐、水豆粉、醪糟汁码匀；

2. 干辣椒入油锅煸至深红色取出、铡碎，再下郫县豆瓣炒出色，继续下辣椒粉、姜、蒜米煸出香味，下青笋尖炒几下，加绍酒，掺鲜汤，入蒜苗煮至断生时拣出，盛窝盘内；

3. 肉片下锅滑散，断生后起锅置于青笋、蒜苗上，撒以辣椒末，浇沸油，撒花椒粉即成。

操作要领：肉片码芡不宜厚，汤不宜多，以肉片成浓糊状为度。

陈鉴于其他代表菜：翻沙苕蛋、青豆烧鲢鱼、干煸鳝鱼、蛋皮春卷等

吴万里代表菜

干烧鱼翅

烹制法：干烧

味型：咸鲜味

特点：色泽深黄，翅针明亮，柔软爽口，汁稠味浓

主辅料：鱼翅、鸡、鸭、猪肉、火腿、菜心、鸡汤、料酒、盐

制作方法：

1. 鱼翅涨发后去尽杂质、仔骨等，放入锅中加鸡汤、料酒，用小火煮 10 分钟捞起，用纱布包上；

2. 将鸡、鸭、猪肉、火腿切成厚片，放入包罐，下红汤及鱼翅包等在旺火上略烧，再移至小火上㸆；

3. 待鱼翅㸆至极软、汤汁浓稠时提起鱼翅包，解开，将鱼翅平铺于盛有菜心（已煸熟）的大圆盘中，再把罐中原汁滗入炒锅内收汁，淋于鱼翅上即成。

操作要领：㸆翅的汤汁要适量；须自然收汁，不能勾芡。

吴万里其他代表菜：水晶肚排、鲍肚托乌龙、清汤蜇蟹、干烧江团等

刘应祥代表菜

冬瓜燕

烹制法：氽

味型：咸鲜味

特点：形如燕菜，刀工精细，汤汁清澈，咸鲜味美

主辅料：冬瓜、熟火腿、细豆粉、盐、高汤

制作方法：

1.冬瓜去老皮、内瓤，片成薄片，再切作银针丝，沥干表面水分，粘上细豆粉，入开水锅内氽透后捞出，用水漂冷，理顺，整齐地摆于二汤碗内；

2.熟火腿切丝和少许盐，上笼"打一火"取出，滗去蒸馏水；

3.在盛有冬瓜燕的二汤碗内灌入高级清汤，再撒上火腿丝即成。

操作要领：瓜丝要切均匀，水分要揾干净；干豆粉要粘匀；氽时使瓜丝透明不粘连。

刘应祥其他代表菜：芙蓉鸡片、家常鱼翅、南瓜盅、酸菜鸡丝汤等

陈文利代表菜

银芽鸡丝

烹制法：拌

味型：红油味

特点：颜色红亮，脆嫩兼备，味鲜而辣，回味略甜

主辅料：鸡肉、绿豆芽、酱油、红油、蒜、醋、白糖、味精、盐

制作方法：

1.选熟鸡肉切二粗丝，绿豆芽择去两头氽一下，用盐拌匀；

2.豆芽冷后放入圆盘中垫底，鸡丝放上面，浇上用酱油、红油、蒜泥、醋、白糖、味精等兑成的味汁即成。

操作要领：鸡用嫩鸡；豆芽氽熟但不能过头，要保持脆嫩；调味中的醋、盐、蒜泥用量均微；走菜时再浇味汁。

陈文利其他代表菜：果羹汤、凤尾腰花、家常鳝鱼、红烧鱼等

黄代彬代表菜

红油黄丝

烹制法：拌

味型：红油味

特点：色泽红亮，咸鲜辣香，回味略甜

主辅料：大头菜、红油

制作方法：

1.选优质大头菜，去老皮，用冷开水洗净，改薄片，切麻线丝盛容器内；

2.加红油调料拌匀，装盘即成。

操作要领：丝要粗细均匀，长短一致；红油用量要适当，忌用酱油。

黄代彬其他代表菜：鱼香蚕豆、盐水花仁、糖醋豌豆、麻酱笋尖等

后　记

在重庆餐饮界颇有影响和贡献卓越的余耀先、李荣隆、姜鹏程、冯春富、李燮尧等人，未纳入本书，原因是一直未联系上其后人和传人，作者无法获得权威而翔实的资料，故而他们"落选"。这不能不说是本书的一大缺憾。唯望本书出版后，这些烹饪大师的后人和传人，见此信息后能与本书编委会联系，拟在出版"中卷"时予以弥补。

另，对重庆烹饪事业充满执着热爱和深厚感情的原重庆市商业技工学校校长向跃进先生，感念本书对梳理重庆百年餐饮和传承烹饪大师所具有的独特贡献，特把其获得的国务院政府特殊津贴2万元，全部捐献给了本书编委会，用于出版和发行。在此，本书编委会全体成员，对向跃进先生的慷慨之举，表示由衷的敬意和诚挚的感谢！我们将以更加严谨、负责和勤奋的工作态度，把《味澜世纪》写好和编好，以此服务和馈赠更多的业内外人士。

本书在采访、写作和修订过程中，得到了李跃华、张正雄、丁应杰、郑显芳、董渝生、舒洪文、王志忠、陈波、刘大东、曾群英、陈彪、周心年、毛新宇、伍明仕、徐劲、邱长明、刘永丽、娄荣慧、郑祥玲、何志忠、陈德生、徐鲜荣、吴勇、周泽、向跃进、吴海东、廖清鉴、陈夏辉、陈小林等人的大力支持和帮助，在此一并表示感谢！此外，翟飚先生对本书的辛勤编辑和对版式的指导设计，以及西南师范大学出版社对本书的细致编辑加工也是本书能够顺利出版的原因，对此也表示感谢！